青少年 科普图书馆

INTERESTING CHEMISTRY

世界科普巨匠经典译丛·第二辑

趣味化学

（法）法布尔 著　朱敏 译

U0395546

上海科学普及出版社

图书在版编目（CIP）数据

趣味化学 /（法）法布尔著；朱敏译 . —上海：上海科学普及出版社，2013.10（2022.6 重印）

（世界科普巨匠经典译丛·第二辑）

ISBN 978-7-5427-5843-9

Ⅰ . ①化… Ⅱ . ①法… ②朱… Ⅲ . ①地球化学 – 普及读物 Ⅳ . ① P59-49

中国版本图书馆 CIP 数据核字 (2013) 第 177275 号

责任编辑：李　蕾

世界科普巨匠经典译丛·第二辑

趣味化学

（法）法布尔　著　朱 敏 译

上海科学普及出版社出版发行

（上海中山北路 832 号　邮编 200070）

http://www.pspsh.com

各地新华书店经销　三河市金泰源印务有限公司印刷

开本 787×1092　1/12　印张 16　字数 191 000

2013 年 10 月第 1 版　2022 年 6 月第 3 次印刷

ISBN 978-7-5427-5843-9　定价：35.80 元

CONTENTS
目录

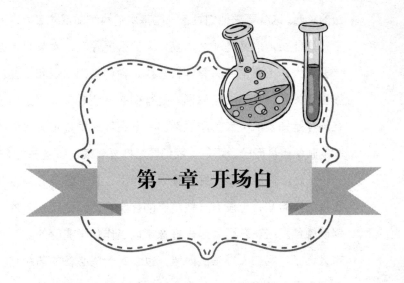

第一章 开场白

　　保罗叔叔是一个知识很渊博的人，他自己住在一个小乡村里，过着"采菊东篱下，悠然见南山"的惬意生活。和他一起住着的还有他的两个侄子，一个叫爱弥儿，另一个叫喻儿，两个孩子的求知欲很强。喻儿的年龄稍大一些，学习的时候更专注认真一些，他对自己很有信心，认为只要在语法和数学上面找到的学习窍门，以后学习其他的知识都可以自学成才了，不用到学校去专门学习，因为学校里面教授的知识是很有限的。叔叔对他们怀有求知欲一直持鼓励态度，他有一句名言就是：我们人生的征途上，得到锻炼的智力是最好的武器。

　　最近一些日子里，叔叔总是在琢磨一个新的学习计划，他打算让他的侄子们简单学习一下化学。在他心里，化学一直是一门最实用的科学之一。

　　于是他扪心自问："孩子们长大成人之后会是什么样子的人呢？或许是工程师、技术工人、农民、发明家，可能还会是别的样子，我没办法知道将来的事情。不过我现在知道的是，不管他们从事什么职业，一定要能阐释清楚自己做的东西。这就要求他们具备一些基本的科学知识才可以。我要告诉我的侄子们，空气是什么，水又是什么，我们为什么要呼吸，木柴为什么可以燃烧，植物靠什么长大，土壤里面又有什么东西。种种基础知识和农业、工业、卫生等都存在密切关系。我不希望他们总是徘徊在一些零零碎碎的知识中间，印象模糊而且纯粹是知其然不知其所以然。书籍在我这里是不太重要的，充其量是科学实验的辅助用具而已。可是，我们要怎样去观察，如何去实验呢？"

于是，保罗叔叔又好好筹划了一下，有些困难必须克服，因为他没有一个正规的实验室，也没有一些精密的化学仪器。他现在有的就是一些瓶瓶罐罐，锅碗瓢盆。这些东西看起来好像不能当作化学实验的实验用具。但是他们离城市太远了，实在没办法的时候，也会买一些必备的药品和实验仪器，不过也要考虑自己的经济能力。到底应该如何运用这些简单的东西把化学知识传授给孩子们呢？这还是一个需要好好思考的问题。

有一天，保罗叔叔喊来了他的侄子们，表示要教他们做一种游戏，可以让他们单调的功课有个调剂。不过他并没有提"化学"这个词，就是说了，孩子们也不明白。他只是说会给他们看各种各样有趣的东西，会做一些奇妙的实验。孩子本来就是活泼好动的，好奇心非常旺盛，因此，爱弥儿和喻儿对叔叔的话，表现出了极大的兴趣，很是欢欣鼓舞了一番。

"我们什么时候开始啊！今天还是明天？"他们迫不及待地问。

"今天就开始，给我 5 分钟，我准备一下。"叔叔回答。

第二章 混合与化合

没过多久，我们就付诸行动了。保罗叔叔找到附近的开锁匠，从他那里讨来了一些东西，就在工作台上放着，拿到后包在了一张纸里面；之后又去药店买了几分钱药，同样用纸包好，带了回来。

"你们看看这是什么啊？"他打开一个纸包问道。

"黄色的粉末，用手捻一捻，会发出几乎听不到的声音，我猜应该是硫磺没错。"爱弥儿很快回答说。

"你说得对，是硫磺没错，我们做个试验验证一下。"喻儿说完就跑进了厨房，从里面拿了一块正在燃烧的炭，在上面撒了一点点黄色的粉末，很快就可以看到火焰的颜色变成了蓝色，还有一股扑鼻的臭气散发出来，就像我们常用的硫磺火柴一样。

"快瞧，这就验证了我们的推断，只有硫磺燃烧的时候呈现蓝色火焰，还会散发出难闻的臭气。"喻儿得意洋洋地说。

保罗叔叔发话说："没错，这就是硫磺的粉末，碾得细细的，叫做硫磺华。"说着他又打开了另外一个纸包，说："你们再来看看这个是什么？"纸包里面包着一种闪光的粉末，看起来是金属物质。

爱弥儿抢着说到："这很像是铁的粉末啊！"

喻儿也插嘴说："用'像'字还不够，这个根本就是吧！保罗叔叔，我猜你是从铁匠那里拿来的。"

"哈哈，你说对了哦，话说回来，我可不允许你这么轻率就下决断。不管研究什么，在下决断之前，我们都要经过细致的考察，不那样的话，你下的决断正确的肯定少，错误的肯定多。你说这是铁的粉末，没有什么根据。从外观上看的话，铅、锡、银、铁的粉末看起来都是银灰色的，都会呈现出金属的光泽，差不太多。之前你为黄色粉末下定论，是因为你已经用燃烧的炭验证了。现在你看着这些金属粉末，有证明它一定是铁屑的证据吗？"保罗叔叔说道。

两个孩子互相看了看对方，有一些迷糊了。保罗叔叔赶紧暗示了一下他们，说："你们不是很喜欢玩马蹄状的磁铁吗？试一试它能不能帮你们解决问题？我总是见你们用它到处吸铁钉和针，想一想，它可以吸住铅吗？"

"不可以，它可以吸住分量很重的刀子，可是却吸不住铅，哪怕只有一小块也不行。"喻儿说道。

"那它可以吸住锡吗？"

"也不行。"

"那么银和铜呢？"

"同样不行，对，我知道了，磁铁只能吸住铁，其他的却不行，我们可以用它来验证一下。"说完，两个孩子就快步上了楼，在放玩具和书的柜子上翻找着磁铁，找到后又一路小跑地下了楼。当他将磁铁靠近金属粉末的时候，就可以看到有很多小刺刺吸在了磁铁的两端，就像胡须一样竖着。

"快瞧快瞧，全都吸起来了，现在说它是铁屑已经是板上钉钉的了。"爱弥儿高兴得叫着。

保罗叔叔也说："没错，就是这样，这些粉末是我从锁匠那里拿来的。我们已经知道了这两种东西是硫磺和铁屑，就可以进行下一步的化学研究了，你们注意仔细看哦！"说完，他取来了一张大纸，把两包粉末倒在了上面，搅拌了一会儿，让它们混合均匀。

"现在你们说说，这上面是什么啊？"

"这太简单了，不就是硫磺和铁屑混合在一起吗？"喻儿说。

"对了，这种混合在一起的东西就叫混合物。那么现在如果让你们将这里面的硫磺和铁屑辨别出来，可以做到吗？"保罗叔叔又问道。

爱弥儿凑到近前仔细看了看，说："应该很简单，这边这些黄颜色的是硫磺，这边这些闪光的是铁屑。"

"那如果让你将它们分拣出来，能做到吗？"

"下一点功夫的话，应该是可以的。我可以拿一根针，细细地划分一下，硫磺在这边，铁屑在那边。不过我可能没有那么多的耐心去分拣，有点麻烦啊。"

"对了，人的耐心总是有限的，在分拣这件事上可能没有人可以干得了。不过要想达到分拣的目的，确实是可以办到的。你们瞧，这一堆混合粉末上，非黄非银灰，呈现出的是混合了的灰黄色。除非拥有非凡的眼力和娴熟的手指，否则要想分拣开来是很难的。不过，我还有个方法可以把它们分开，你们能想到是什么吗？"

喻儿说道："我知道，我知道。"说着他就把磁铁的两端放到了混合物的上面，来回移动着。

"等一等，我也可以想到，这并不太难，因为刚才已经说到了磁铁。"爱弥儿也说。

叔叔说："能够想到解决问题的方法是好的，可以很快想出来就是好上加好了。你不要着急，有机会让你和喻儿比一比。我们先来验证一下他的方法可行不可行。"

这时候喻儿还拿着磁铁在混合物上来回移动，混合物里面的铁屑都被吸在

了磁铁的两端，而硫磺留在了纸上。

"看看，管用吧！只要一直这样不断地重复吸，用不了 10 分钟，我们就可以将它们分拣清楚。"喻儿高兴地说到。

叔叔说："可以了，先别吸了。你的方法很好，操作简单而且效果不错。我们还把它们混合在一起，利用磁铁来分拣两者还算方便，可是并不是所有人都可以随时找到磁铁的。你们再思考一下，看看不用磁铁，有没有别的方法可以达到分拣的目的。有一个不需要特殊器械的好方法可以做到这一点，你们好好想一想。我提示一下，硫磺和铁哪个更重呢？"

孩子们一起说道："当然是铁啊！"

"那么如果把铁放到水中的话，会发生什么事情呢？"

"铁会沉到水底啊！"

"硫磺会怎么样呢？这里是硫磺的粉末——硫磺华，而非块状的硫磺，块状的会沉到水底！"

爱弥儿抢先说道："哦，我知道了，我们将混合在一起的粉末放到水里的话，铁屑就沉到水底了，剩下的硫磺……嗯……"

叔叔看到喻儿想要说话，赶紧拦住了他，说："喻儿，等一等，先让你弟弟说说。"

爱弥儿急得脸有些红了，又继续说道："硫磺或许是浮在水面上，也可能沉到水底，只是没有铁屑沉得快吧！"

叔叔高兴地夸奖他说："爱弥儿，我就说嘛，很快你就可以和你哥哥比一比了。你看，我说的话对吧！你刚刚说的一点没错，你磕磕巴巴的原因，是不确定硫磺的最终状态。那么就让我们来做个试验吧！"

保罗叔叔说完就拿出了一个大杯子，里面盛着水，把混合物拿起来放到了水里面，还用木棍搅拌了一会儿，搅拌均匀后就停了下来，等着旋转的水流慢慢静止。过了一会儿，比较重的铁屑就沉到了水底，而那些硫磺华还在水里旋转着。叔叔之后把那些混有硫磺华的水倒到了另一个杯子里，等到静止不动后，看到那些硫磺华还是半浮半沉在水里，这样子，铁在第一只杯子，硫磺在第二只杯子，铁和硫磺华就此分开了。

保罗叔叔说："我们可以看到，利用这种方法也可以做到分离两者，和用磁铁的效果一样，用到的东西还更加简单易得。就像这样，不用什么特殊的用具，达到我们想要的结果，就是我们以后追求的。你们已经清楚了用这个方法可以很容易地分离出这两种混合物，我们现在没有必要去分，就不做了。现在我们把刚才学到的知识重复一遍，混合物是由两种或者两种以上的不同物质组成的，可以通过简单的方法分离开。我们眼前的硫磺和铁的混合物，可以借助磁铁或者水来分离，或者用最麻烦的办法，用手慢慢分拣。我们继续深入一下，做另外一个实验。"

他说完就拿了一些硫磺和铁屑的混合物，放在一个盆里，倒了一点水在里面，和成了膏状物，又拿了一个透明的广口玻璃瓶，把和好的膏状物放到里面，然后将这个瓶子放到太阳下晒，这时候正是夏天，太阳很热，就和保罗叔叔料想的一样，很快就看到了结果。

"注意了啊，要有稀奇的事情发生了。"

孩子们盯着瓶子一动也不动，生怕漏过了这个化学史上的关键时刻。没等一会儿，也就十几分钟，就看到瓶子里面的本来是灰黄色的混合物，发出嗤嗤的声音，慢慢变成了黑色，最后变成了像煤烟那么黑，还有水蒸气冒出来，最后又有一些黑色的物质喷射了出来。

"喻儿，来，你抓好了这个瓶子别放手啊！"叔叔说道。

喻儿跑过去接过了瓶子，一下子叫了起来："哎呀！好烫手啊！"这一叫差点把瓶子扔了，他赶紧把手中的瓶子放到地上，两只手使劲搓着。

"叔叔，为什么会发烫呢？一两秒我都坚持不了，如果说这个瓶子曾经在火上烤，还可以理解，可是这个瓶子并没有在火上面烤，自己就热了，谁能料到是这样呢？"

这时候，爱弥儿也跃跃欲试地用手指碰了碰瓶子，试着把瓶子抓在了手里，很快他也像喻儿一样放下了瓶子，脸上呈现出迷惑的神情，不知道到底是怎么

一回事。

他琢磨着："这里面只是加了一点点水，水并不是燃料，应该不会发热，太阳虽然很热，可是也到不了烫手的地步。这到底是怎么一回事呢？"

小读者们，保罗叔叔的化学实验会为你呈现出很多稀奇的事情，研究化学的人，就好像到了一个崭新的世界里，眼睛看到的都是稀奇的事情。不过，你不必惊慌，只需要把看到的一丝一毫都记在心里，如今你觉得稀奇的事情，以后都会明白。

保罗叔叔说："这个瓶子里面的东西会自己发热，我们已经知道了。我们产生灼热的感觉，说明它的热度很高。我们看到的其他现象，都是发热的连锁反应。冒出来的白色水汽，是我加进去的水受热变成的。里面发出的嗤嗤声和固体物质的喷射力量我们已经看到了。想象一下，如果我刚才放进去的不是一点点，而是大量的硫磺和铁屑，那时候，这个实验得出的结果是惊人的。我可以告诉你们，这个更奇妙的实验怎么做。

"先取一定量的硫磺和铁屑的混合物，把它们放到一个大的地洞里，在上面洒一些水，再用土在上面堆成小山状，注意土要湿的。这个小山丘爆发的时候，四面的土地会随之震动，上面的泥土会裂开缝隙，水蒸气就从这些缝隙里面出来，同时还会听到嗤嗤的声音，剧烈的爆破，或许还会喷出火焰来，就像火山一样。这就是人造火山，当然，真正的火山无论是形成还是喷发效果都不同于这个，它们之间的详细区别，在这里先不说。在空闲的时候，你们大可以用一点点铁屑和差不多量的硫磺，做一个人造火山试一试。不管你们堆的火山有多小，总会裂开一些缝隙，喷出一些水蒸气来。"

两个孩子听了这话，已经打定了主意去讨一些锁匠的铁屑，买几分钱硫磺华，以便做人造火山实验的时候用。就在他们商量着实施计划的时候，瓶子里的景象已经改变了，温度降了下来，不那么烫手了。保罗叔叔把瓶子里的东西倒了出来，是一些深黑色的粉末，想煤烟一样。

"你们再看看，这时候还能辨别出哪些是硫磺吗？能找到一点点就可以，不必太多。"他说。

爱弥儿和喻儿凑到跟前，用针一点点地拨动着黑色的粉末，不过怎么也找不出哪个是硫磺。

"诶？硫磺哪去了呢？我们看着它放进了瓶子，应该还在里面才对啊。实验过程中，从瓶子里跑出来的是一些水蒸气也没有硫磺啊！它肯定还在这里呢，可是我们为什么找寻不到它呢？"他们质疑道。

喻儿说："是不是因为它已经变成了黑色，所以我们才找不到它。我们借助火来验证一下吧！"

他相信自己已经得出了结论，就到厨房去拿来了一些燃烧的炭，取了一些黑色的粉末撒在上面。可是无论他怎么吹那块炭，那些黑色的粉末始终没有燃烧起来的迹象，没有硫磺独特的蓝色火苗出现，他不甘心，又撒了一些黑色粉末，可是还是那样没有改变，喻儿有些灰心丧气了。

"哎呀，想不明白，眼看着就在这些黑色粉末里啊，怎么无法燃烧呢？"他说道。

爱弥儿接着说："这些黑色粉末里没有会发光的铁屑，那些铁屑也消失了，拿磁铁来吸一吸，我们检验一下。"

他说完就拿起了磁铁，在黑色粉末上面吸，可是依然没有什么反应，磁铁的两端并没有吸到铁屑。

爱弥儿又持续吸了一会儿，最后还是放弃了，说："咦！我们明明看到那里面放入了铁屑，怎么现在找寻不出来了呢？如果不是自己亲眼所见，我一定不会说这里面有它。真是难琢磨啊！"

"是啊，是啊，如果我没有眼见着这混合物的形成过程，我也不能说里面有硫磺，可是当初存在的两种物质，为什么消失了呢？不见一点硫磺和铁屑的踪影，真是难以置信。"喻儿也赞同地说道。

保罗叔叔认为一个人通过自己的观察得出的意见，要比别人直接给的意见更有用，所以他让两个孩子自己去讨论。观察同样是一种学习。

不过，两个孩子到最后也没有想明白怎么找到硫磺和铁屑，所以保罗叔叔引导他们说："你们还打算把这两种东西分开吗？"

"可是我们无法办到，一点儿也找寻不到硫磺和铁屑的踪迹。"他们说。

"借助磁铁试过了吗？"

"试过了，可是没有作用啊！"

"用水试过了吗？我们来看看吧！"

喻儿说："估计没什么作用，那些粉末好像就是一种东西，分不出来哪个轻哪个重，不过我们也可以试一试。"

于是，他把一些黑色粉末放到水里搅拌了一会儿，最后那些粉末都沉到了水底，并没有分开。

保罗叔叔说："就目前来看，原来的方法在这里是不适用的，你们看，这些黑色粉末无论是外观还是性质都和原来不一样了，如果你们没有事先知道它们本来的成分，肯定无法知道这两种物质的存在。"

"没错，有谁能知道这个是由硫磺和铁屑合成的呢？"两个孩子附和道。

保罗叔叔又说道："它的外观已经发生了变化，这我刚才已经说过了，黄色的硫磺和银灰色的铁屑结合之后，变成了深黑色。它的性质也发生了变化，容易燃烧的硫磺会发出蓝色的火焰，还有刺鼻的臭气，这个黑色粉末却不具备这些特性。铁可以被磁铁吸住，这个黑色粉末却不可以。鉴于这些特点，我们可以下决断，那就是这个黑色粉末不是硫磺，也不是铁屑，是另外一种全新的物质。我们称它为硫磺和铁屑的混合物吗？似乎不合适，因为我们无法运用简单的方法分拣出它们，性质也不同了。它们的这种结合方式比我们说过的"混合"要更紧密，化学上我们称之为"化合"。所谓混合，可以保留各自原有的性质，而化合却在本质上使它发生了改变，产生了一种新的性质。我们可以运用简单的方法分离开几种混合的物质，可是却无法分离开化合后的物质。这样，我们就得出了一个结论——两种或者两种以上的物质化合之后，用分拣是无法分离开它们的。也就是说，它们本来的物质消失了，有另一种新的物质产生了。

"注意一下，因化合反应而产生的新的物质，和化合前的物质本身没有什么关联。如果不是已经做过这个实验，有谁会想到本来那么容易燃烧的黄色硫磺，居然会变成无法燃烧的黑色粉末？又有谁可以料到本来对磁铁有敏锐反应的金属铁，居然会变成无动于衷的东西呢？如果不是之前了解一些相关的知识，是搞不明白所以然的。在将来的日子里，你们会看到化合反应会改变物质的根本属性。白色会变成黑色，黑色会变成白色。甜的可能变成苦的，苦的也可能变成甜的。没有毒的会变成有毒的，相反有毒的也可以变成毫无毒性的。以后要是碰到两种或两种以上的物质发生化合反应的话，一定要仔细观察它们产生的结果。

"而且还要注意的是，就好像我们做的硫磺和铁屑的实验，两者发生化合反应的时候，产生了高热，手都无法触碰。喻儿一定会牢记这种灼热的感觉。在化合反应中像这样产生高热的现象有很多，硫磺和铁的化合并不是唯一的。一般来说，两种或两种以上的物质发生化合反应的时候都会发热，只是产生的热量不一样，可能只有一点点热，不用精密的仪器无法检测出，也可能产生的热量让你无法触碰；更有甚者会产生显而易见的赤热或者白热。我们可以说，发生化合反应，或多或少总会产生热量，也可以理解为有发热或发光现象产生。"

"保罗叔叔，那我想问的是，炉子里面燃烧的煤炭，也是发生了化合反应吗？"喻儿问。

"没错啊！"

"那煤炭一定是其中的一种物质！"

"没错，煤炭是其中一种。"

"那还有一种呢？"

"另外一种东西在空气里面，你的眼睛虽然看不到，但是它是确实存在的，我们以后有机会再讲解它。"

"那么那些燃烧起来的柴火呢？它们会发出光和热。"

"这也是化合反应，一种物质是柴火，另外一种物质也同样是空气里的东西。"

"我们照明用的油灯蜡烛呢？也一样吗？"

"对，同样是化合反应。"

"也就是说我们每点一次火，都会发生化合反应吗？"

"没错，两种不同的物质发生了化合反应。"

"哎呀，这种化合反应真是有趣！"

"这可不单单是有趣的问题，用途还很广，所以我才会给你们讲如何让它们产生神奇的变化啊！"

"那你能把那些神奇的事情都讲给我们听吗？"

"当然了，你们只要认真对待，我当然会竭尽所能地把我知道的统统告诉你们。"

"叔叔你不用担心这个，我们会一字不落地全部记在脑子里。和学习什么多位数的除法或者动词的活用相比，我更愿意学习这个。爱弥儿，你怎么看呢？"喻儿说道。

爱弥儿赞同道："就是就是！我也愿意每天都学习这种功课。什么文字语法，我总会扔的一干二净，然后自己创造出一个人造火山来。"

保罗叔叔说："哦，这可不行，你们让我给你们讲解化学，一定不能小看了文字语法，不能图一时的高兴，因为语言的作用也是非常重要的。你们可不能小看动词的活用，虽然它看起来好像有些难。好了，我们还是谈谈化合反应吧。

"化合反应常常伴着发热、发光、爆发或炸裂等，我们可以这样说，类似于爆竹一类的东西会产生的现象，两种物质发生化合的时候也大凡如此。当两种物质发生化合的时候，它们结合得极其紧密。或许我们可以认为它们两个'结婚'了。那么产生的光和热就可以认为是它们婚礼的彩灯和爆竹。这个比喻虽然有些好笑，不过却很贴切。化合反应就是这样将它们两个合二为一。

"现在我就告诉你们，硫磺和铁结婚之后变成的东西到底是什么。它既不是硫磺也不是铁，也不是我们说的硫磺和铁的混合物，它们已经发生了化合反应，之后产生的物质叫做硫化铁。这样我们就可以理解了，它是硫磺和铁婚姻的产物。"

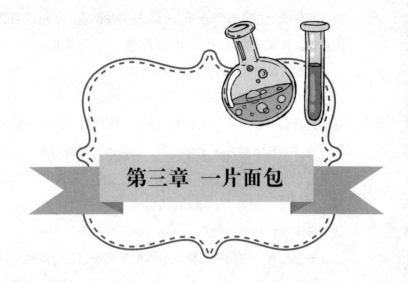

第三章 一片面包

　　两个孩子已经把人造火山的实验付诸了行动，实验很成功，用湿润的泥土堆成的小土堆，产生了热量，水蒸气从裂开的隙缝里钻出来。最后留在地洞里的硫化铁，经过他们层层检验证实了和保罗叔叔最后制成的物质是相同的。

　　保罗叔叔这时候加入了进来，说："在你们的人造火山里留下来的黑色粉末的形成，是你们亲手'制造'的。那也就不用对这个事实产生怀疑了。接下来有一个问题出现了，那就是经过了化合反应产生的硫化铁能不能回到化合前原来的状态？需要科学的方法才能实现，这就是化学。现在的你们还没有足够的化学知识，我就不做这个实验了。"

　　"没错，这就和从铁屑里面提取出铁，从硫磺华里提取出硫磺是一样的，包含着硫磺和铁的物质，只要运用合适的方法，总会得到它们。"喻儿很自信地说。

叔叔说道："要想分开它们，其实并不难，不过所需要的药品是你们不曾见过的。如果做实验的话，你们更会糊涂。记着我说的话，不要图大，网要小一些，观察要细致，才能得到永久的知识。

"要想分解开经过了化合反应产生的新物质，不是一件很容易的事情。它们结合的时候产生了光和热，结合得极其牢固，如果要分解化合后的新物质，就一定得用科学的方法才能办到。结合的时候越容易，分解的时候就越困难。如果它们所发生的化合反应是自发进行的（无需很高的反应条件），那么分解就更加难上加难。硫磺和铁的化合，所需时间很短，也不需要借助外力，要想分解化合后的新物质，必须要用巧妙的科学方法。

不过也有一些例子，和我上面说的相反，化合的时候很困难，分解的时候几乎没有什么阻碍，很容易。有那么几种物质，只要有高热、震动、摩擦、撞击，甚至有时候只是吹一口气，都可以让新物质瓦解。这就如同夫妻间的性格不合，一下子就离婚了。"

爱弥儿说："真的可以这么容易就让物质分解开吗？"

"当然了，其实你平时也经历过这样的事情，当你擦火柴的时候，火柴头的燃烧要比火柴梗的燃烧猛烈得多，这个现象你注意到了吗？"

"哦，我平时没怎么注意，不过你说了之后，我能想起当时的情景。有一天晚上，我拿出一盒火柴打算擦一个火，可是刚把盒子打开，里面的火柴就自己燃烧起来了，吓得我赶紧扔在了地上，手都烫伤了，可是红红的火柴头烧完之后，木头的火柴杆却没有继续燃烧，轻轻一吹就熄灭了。这个和物质的分解有关系吗？"

"其实不管什么样的火柴，都是由两种物质组成的，一种是易燃物质，一种是助燃物质。里面的助燃物质是由不同的成分化合而成的，受到高热后会马上分解，帮助燃烧。这种分解是非常容易的。"

"更容易分解的物质是炸药，枪支弹药的爆发，正是取自这种物质。当扳机叩响的时候，小铁锤就击打在雷管上，随即就会爆发燃烧，继而点燃弹壳中的火药，将子弹头发射出去。雷管的结构是在杯形的铜片底下附着着一层白色物质，很薄很薄。其实就是由好几种成分化合而成的炸药，一旦有轻微的撞击，就会迅猛飞出去。这些都是危险物质。我们再来说说没有危险的物质，想想我们常见的面包吧！一片面包里包含着些什么东西？"

爱弥儿觉得这是显而易见的，抢着说："里面应该包含面粉。"

保罗叔叔说："是的，可是面粉里面有什么东西呢？"

"面粉里面？面粉里面除了面粉还有什么呢？"

"你们信吗？我说面粉里面有碳，就是木炭的成分"

"你说什么？面粉中有木炭？"

"没错，就是木炭，还不少呢！"

"叔叔，你开玩笑吧！我们吃的难道是木炭吗？"

"怎么，信不过我吗？我说过化合反应可以黑白颠倒，酸甜混淆，有毒的可以变成营养品。我能让你们看看从面包里面提取的木炭。不用我专门提供，你们其实早就见过无数次了，已经习以为常了，你们想想吃面包的时候，是不是要在烤炉上烤一烤啊？"

"对啊，那样才更松脆啊！吃起来好吃一些。"

"那如果你忘记了及时把它取下来呢？烤的时间太长的话，会怎么样呢？你们应该都有这样的经历，我不参与，你们自己想想，如果把面包烤上一个小时会怎么样啊？"

"当然就烤焦了啊，变成木炭，司空见惯了！"

"那你说那木炭是打哪里来的呢？难道是从炉灶里来的吗？"

"那绝对不可能！"

"哦，那是从面包里跑出来的吗？"

"这就是从面包自身来的，一定是！"

"我们知道一种物质里面如果本就没有某种东西，是不会无缘无故变出来的，那样的话，面包在火上烤的时间长了，就会产生木炭，说明面包本身就包

含木炭的成分，也就是碳元素。"

"没错，我刚才怎么没有想到。"

"如果没有人点拨，有很多日常生活中常见的东西，你并不知道它们的意义。我会在这些普普通通的事情里引导你们明白一些真理的，你们瞧，现在你们是不是已经知道面包里包含着很大一部分的碳元素啊！"

"面包里面有碳元素已是不争的事实，可是爱弥儿说的我们吃的是面包，却没有人说吃木炭，这究竟是不是一回事儿呢？"喻儿说。

"事实上，单独存在的木炭或碳，都是黑的，这是不能吃的，可是面包里面的木炭不是单独存在的，是和其他物质经过化合反应形成的一种新物质，这种新物质并不具备木炭的性质，这和硫化铁没有硫磺和铁的性质是相同的道理。面包烤焦了之后，里面其他的物质都被分解出并随着热量的形式散失了，只剩下了木炭，它的本性就显露出来了，颜色变黑，发脆味焦。炉火分解了面包中含碳的物质。那么，除了碳，面包里面的其他物质是什么呢？想一想，你们见过也知道这种东西，在面包的烤制过程中，你们可以闻到它们的气味，有些难闻。"

喻儿说："哦，我有些糊涂了，你说的应该是面包变成木炭的过程中，散发出的烟，有一股独特的气味。"

"没错，看来你明白了，那散发出来的烟雾就来自面包里面。反过来，如果我们可以把木炭和烟雾在一定条件下重新化合一下，面包又将新鲜出炉了。在高温作用下，面包中的某些元素因被分解出而释放到空气里，剩下的就是不能吃的黑色物质了，它就是木炭。"

"木炭和那烟雾化合后可以做成面包，单独分开的话，都不可食用，是这样的情况吗？"

"是的，本来不能食用的物质，甚至是吃了对身体有害的物质，经过化合反应后，也可以变成非常美味营养的食品。"

"保罗叔叔，你说的我相信，可是……"

"我明白你的可是，这和我们原来想的偏差太大了，所以我们乍一听这事都很难相信。正是因为这样，我才不让你们只是单纯地相信我个人，而是让你们抛开相信我的成分，到实践中去验证我说的话。我开始就做了一个实验，让你们亲眼看到，这样才能相信事实。当我们看到留在瓶子里的黑色粉末已经既不是硫磺又不是铁屑，而是成为了新的物质，想一想，木炭和烟雾也可能会变成面包也就不足为奇了。"

"叔叔，你说得对，我们相信你。"

"当然，有些时候会遇到一个难以解释清楚的事实，就是讲了，你们也不一定能理解，这时候你们只能相信眼睛看到的了。不过更多时候，我并不想将自己的知识笼统地灌输给你们，而更希望你们自己去发现判断。刚才提到的面包受到高温烘烤，我说到了木炭和散发着特殊气味的烟雾，那么你们有什么结论吗？"

"面包里包含着木炭和烟雾，已经是可以肯定的了。"

"对，只要是经过了事实证实的，我们都要接受它，即使它不合情理。事实已经说了，面包会因为加热而分解成木炭和某种气体。那么我们就先承认这个事实。"

"不过我还有一个问题，你说因为受热分解了的木炭和那种气体，重新化合的话又会变成之前的面包，可是火在这其中没有起到毁坏的作用吗？"喻儿发问说。

"毁坏不是一个单纯的词，你觉得受热后的面包就不是面包，这本来也没什么不对，木炭和气体是不能和面包划等号，充其量只能说是组成面包的物质。可是如果你认为面包受热后就消失了踪迹，也是错误的。凡是世界上存在的物质，没有平白无故消失的。"

"哦，我所说的正是你提到的消失了踪迹，我们平时不是老是说火可以毁灭一切吗？"

"单纯看这句话的话，是说不通的，我总是告诉你们，宇宙里面没有一种

物质会被任何作用消灭掉，就是小小的沙粒和蛛丝也不行。"

　　"这是一个重要的问题，你们要注意听。假设我们现在建一幢大楼，非常豪华的大楼。开始盖的时候，工人们会准备好必备的材料，诸如砖瓦、石沙、三合土、栋梁、木板、石灰、钉子之类，存放在合适的地方。等到盖好了大楼，看起来很结实的楼房高高地矗立在那里，仿佛可以永远站立。然而这幢高楼没有倒塌的那一天吗？当然会有，而且要想毁坏它是件很容易的事情。当豪华的大楼又重新变成一堆砖头瓦块，已经不能说是大楼了。"

　　"话说回来，这幢大楼完全消失了吗？当然没有，大楼毁坏了，还有那些砖头瓦块存在。那这幢大楼就谈不上消失，用来建造大楼的材料也并没有消失。就是那些细小的沙粒，掺在三合土里面，也依然存在于某个地方。拆毁屋子的时候，有一些尘土随风吹走了，可能吹到了很远的地方，不过它依然存在于某个地方。建造的大楼在整体上没有一丝的减少，当然更谈不上消失。"

　　"火被称为破坏者，也仅此而已了。火可以破坏掉多种材料建造的高楼，却无法消灭其中的一个碎片。火烤了面包，起的是破坏作用，可是不会消灭掉什么。面包被火烤了之后，还拥有之前一样的物质。只是已经变成了木炭和某种气体，木炭我们可以用眼睛看到，气体不容易保存，很快就会飞散掉。以后要记住'消灭'这个词语永远不要用。"

　　"可是——"

　　"可是？你有什么疑问吗，喻儿？"

　　"我们把一块木头放到火上烧，最后只会剩下一些灰烬，这难道不是消灭吗？"

　　"你观察得很细致，值得表扬，我来解决你的疑问。我刚举的例子说拆楼房的时候，随风会吹走一些灰土。假设把那些拆下来的材料都磨成细细的粉末，如果刮那么几次大风之后，还有什么东西余下来呢？"

　　"肯定没什么留下的了。"

　　"那么我们能说这个楼房消失了吗？"

"不能啊，它只是变成了尘埃，随风飞散了。"

"其实木头也是一样的道理，火将木头分解成了它自身的组成元素，有的元素形成的成分颗粒比最小的尘埃还小，分散在空气里面，人的视力无法看到。进入我们眼帘的只剩下一些灰烬，所以就会认为其他的物质消失掉了，事实上它还在，不会凭空消失，只是由于本身无色，混入空气中就看不到了。"

"你是说燃烧过的木头，一大部分化成了细小的尘埃，分散在空气里吗？"

"就是这样，那些发光发热的燃料都可以这样解释。"

"哦，那我明白了，也就是说我们看不见的大部分木头，已经分解成了其他物质，像随风消散的灰土一样，飞散到别的地方了。"

"而且从房子上拆下来的材料，还可以拿来建造其他的建筑物。一堆破烂的建筑材料可以重新变成一幢全新的建筑物。同样的材料可以建造成不同的东西，石头可以做别的，木头和砖瓦也可以做别的。拆毁了的楼房，也可以重新建成别的东西，形状、用途、特性都各异。"

"物质发生变化基本都是这样，假设两种或两种以上不同性质的物质，经过化合产生了某种特殊的性质。新产生的物质和之前的物质全然不同，就和建筑是一样的，最后建好的房子不是木头石块，不是简单的砖头瓦块，也不是其他建筑材料。"

"某种情况下，这种化合物被迫分解了，破坏了本身的构造。可是残余物还在，其中的物质也还在。如何处理这些残余物呢？可以根据各自的用途分别利用，然后就衍生出多样的物质，这些物质和原本的物质没有相同的地方。一种物质原本可以让另一种物质变黑，可是当它和别的东西结合了，就可能会形成一种白色的物质。原本在酸味物质中的东西，当和别的东西结合之后，可能会呈现出甜味。原本是有毒物质的一部分，与其他物质化合后也可以用在食品中，这就好像我们可以用砖头砌水渠，也可以建造高高的烟囱。"

"总而言之，所有的物质都不会消失无踪。尽管有些物质会"消失"在肉眼可见范围，但并未真正不复存在了。如果仔细观察，就会发现这个真理——

物质是永恒存在的。它们经过各种各样的化合与分解，不断结合，又不断分离，继而再结合，有的物质不断被破坏，不断在变化，永不停歇。但就宇宙本身来说，物质的总量不增也不减。"

第四章 单质

"让我们再来看看之前说到的硫化铁。化学家采用的分拣法比普通的方法更复杂，将它分解成铁和硫磺。面包因为火的作用分解，里面的碳被分离了出来。这碳、铁和硫是由什么构成的呢？我现在要讲的就是科学家们研究出来的结果。科学家们殚精竭虑地做了种种实验，可是无论他们如何分解，碳、铁和硫总是保持着自己的状态，不曾改变，也不能生成其他的东西。"

"可是我自己觉得硫磺可以分解出和它不一样的物质，往火上放一些硫磺，会产生刺鼻的气味和蓝色的火焰。分解出来的气体的性质和硫磺本身不一样，一个刺鼻而另一个没有什么特殊气味，就是使劲嗅也闻不到。"喻儿反驳说。

"哦，孩子，看来你还没搞清楚我的意思。我说硫磺不会生成其他东西的意思是，它本身不会分解成另外的物质，而不是说它不和别的物质发生化合反应。硫磺经化合后不仅会产生刺鼻的气味，还能形成其他一些东西，硫化铁就是显而易见的例子。事实上，每一种物质发生燃烧之后，都已经和空气中的某种成分发生了化合反应。硫磺燃烧发出蓝色的火焰，是因为它与大气中的某种物质发生了化合反应，继而散发出刺鼻的气味。"

"这种气体和硫磺相比，要更加复杂吗？"

"没错。"

"那么我想它应该包含着两种东西，硫磺是其中之一，还有一种是你说的空气中的东西。"

"是的，就如同瓶子里的黑色粉末可以分解出铁和硫磺，面包可以分解出碳。硫磺也能组成多种物质，比它本身要复杂得多。可是硫磺无法分解出更简单的物质，不管采用什么方法。我们把这类物质称为'单质'，也就是说它自身已经不能继续分解了。水、空气、石头、木头、植物、动物都是物质，不过它们并不能称为是单质。我们要记住这一点。"

"和硫磺一样，碳和铁同样是单质，因为它们和其他物质可以化合成复杂的物质，自身却不可以继续分解为更简单的物质。化学家们已经做过详细精准的实验，将自然界中的一切物质一一试验过，地上的、地下的、水底的、天上的，不管是动物、植物还是矿物，所有的都进行了研究分析，最终得出一个结论，那就是一共有九十几种自身不能继续分解的物质，之前说到的铁、硫和碳，就是这九十几种中的。"

"你是想告诉我们所有的单质吗？"爱弥儿说。

"哦，不是全部，因为里面的大部分单质，距离我们有些远，所以我只把里面比较重要的几种说一说。其实，除了我们刚说到的铁、硫和碳，你们也知道一些其他的。"

"哦？难道我也知道其他的单质吗？我没觉得我这么聪明啊！"爱弥儿有些疑惑地说。

"孩子，你只是不知道它们不能继续分解，但这些物质其实你知道的。你们脑中的知识，要比你们知道的多；我的意思是打算帮你们理一下思绪。当然我不想做一个直接灌输的老师，而是希望你们可以自己想出来。我可以提示一下你们，我们一般唤作金属的物质，大多数都是单质。"

"我可能明白了，金、银、铜、锡、铅等，也和铁一样是单质。"

"你落下了一种很常见的金属。再好好想一想，印刷上用的图版是用什么做的啊？"

"印刷上用的图版？嗯……锌？"

"非常正确，不过这还不是全部金属；还有一些性质很奇怪的金属，用途也不一般。以后遇到合适的机会，我们再来讨论。其中有一种现在不妨说说，这种特殊的金属是一种液体，和融化了的锡很相像，和银一个颜色，常常用在温度计玻璃管里，随着空气温度的高低不断升高或者降低。"

"你说的是水银吧！"

"正确，水银其实是它通俗的叫法，它的学名叫做汞。'水银'这个词比较易误解，虽然从外观上来看，它和银很像，可是性质上却是截然不同的。"

"你的意思是说，它和金、银、铜、铁一样，也是金属吗？"

"对，和其他金属相比只有一点差异，那就是水银在日常温度下会呈现液体的状态，即使寒冷的冬天也如此。如果要想把铅变为液体，没有极高的温度是不行的；铜和铁需要的温度更加高。水银冷却到一定的温度，同样可以变硬，从外观上来看的话，和银一样。"

"那可以用它做钱币吗？"

"可以啊，只不过当你将这种钱币装进口袋里的时候，它就化成液体的，看不出钱币的样子了。"

"金属的颜色看起来差不太多，银和水银是白色，锡和铅要差一点，金是黄色，铜是棕红色，铁和锌之类的是灰白色。所有的金属都有特有的光泽，刚刚擦拭过的金属更加闪亮，我们称它们为金属光泽。金属都有光泽，不过有光泽的不一定是金属哦！比如一些昆虫的翅膀，还有一些可会闪现金属的光泽的石头，事实上这些都不是金属。"

"硫、碳之类的其他单质，不具备金属光泽，还有几种单质是无色透明的，像空气一样。相对于金属，这些统称为非金属。硫和碳都属于非金属。单质中的非金属不太多，有 22 种，有几种非金属很少见，大家一般都没有听说过，不过它们的作用很重要。存在于我们身边的大部分东西，都是非金属构成的。对于大自然中的物质来说，非金属是很重要的，就好像盖房子的砖瓦水泥一样重要。这里面有一种很重要的气体叫做氧，没有它，我们会很快死亡。你们可能没有听说过吧！"

"好奇怪的名字啊！我不曾听过。"爱弥儿说。

"那你们听说过氢和氮这两种吗？"

"也没有。"

"我已经想到会是这样，氢和氮是很重要的非金属，默默无闻地做着自己的工作。"

"氧、氢和氮这三种很有用的单质，都是像空气一样的无色透明的气体，所以不容易引起大家的注意。它们还总是'隐藏'在化合物里面，不通过精密的科学方法无法找到它们。就因为这样，这些自然界中的重要物质才不为人所知。"

"它们那么重要吗？"

"当然了，非常重要。"

"比黄金还要重要吗？"

"没有可比性，对于人类，黄金可以做成钱币，衡量东西的价值，在人与人之间流通，作为劳动和物品交换的等值交换物。如果地球上所有的黄金都不存在的话，应该不会有太严重的结果，大约只会引起一些经济上的混乱。用不了多久，人们就会想到其他的方法，慢慢恢复到之前那样。可是如果没有了刚才说到的三种非金属中的一种，就拿氧来说吧，那样的话地球上的一切生物都会死去，不管是大型的动物，还是微小的细菌。到那时候，地球就变成了没有生气的星球。和银行商人的困扰相比，这更要严重许多。"

"这样看来，黄金对于人类还不是必不可少的，即使全部消失了，也不至于影响到自然界的秩序。而氧、氢、氮的作用更加重要，少了哪一种，都会打乱自然界的秩序，人类的生活会彻底崩溃。碳的重要性和氧、氢、氮差不多，也算在这里面。这样的话，所有生物必不可缺的物质有 4 种，就是氧、氢、氮、碳。"

"你能给我们讲一讲氧、氢、氮吗？"喻儿说。

"没问题，在说它们之前，我会再说一种非金属，你们一定要了解的。这种非金属常常用做火柴头，上面涂一层蜡，一擦就会着火。在一个黑屋子里摩擦的话，可以发出淡淡的光。"

"你说的肯定是磷。"

"非常正确，就是磷，磷也是一种非金属。总结一下前面讲的吧！自然界里的单质有九十几种，划分为金属和非金属两大类。金属一共有 70 种，外观上来看，金属都有独特的金属光泽，常见的有金、银、铜、铁、锡、铅、锌、汞 8 种，以后有机会再讲几种其他的。非金属有 22 种，数目少一些，没有金属特有的光泽，比较重要的有氧、氢、氮、碳、硫、磷，其中氧、氢、氮和空气一样，都是无色透明的气体。"

"不论金属或非金属，都以单质的形态存在，意思是说这些物质用一般的化学方法不能使之分解，并且能构成一切物质。"

喻儿说道："保罗叔叔，我打断一下，我看过一本书，那里面说自然界中元素只有 4 种——土地、空气、火和水，并不是你说的 90 几种啊！"

"哦，那其实是古人错误的看法，在古代，人们认为土地、空气、火和水这四种物质是不能分解的，它们可以构成世上所有的东西，现在科学研究表明，这四种都不是单质。"

"就拿火来说，虽然发热，可是根本就不是一种实体，说它是单质是不对的。物质都是可以衡量的，如一立方米氧，一千克硫，可是没有一立方米热，一千克暖之说。就好像小提琴演奏的音乐是无法斗量秤称的一样。"

"哈哈，真有意思，给我来一斤 F 高音，半斤 E 低音。"喻儿大笑着说。

"你们想一想，音乐为什么不能称一称呢？音乐不是物质，而是发声体振动发出的声波传到了我们的耳朵里。热和声音很类似，同样是一种运动方式，我们先说这么多，不再浪费时间解释了，要不就把化学耽误了。总之，我们知道热不是一种物质，所以它不能是元素。"

"空气是一种物质，可以斗量秤称，或许你们觉得不可思议，不过事实就是这样。你们以后学习了物理就明白了。不过空气是物质却不是单质，因为它包含着很多种气体，里面最多的是氧气和氮气。我们可以用实验来验证这一点。"

"水同样不是单质，我在合适的机会可以给你们演示一下，验证水是由氧和氢构成的化合物。"

"至于土，我们先来看一下它包括哪些？泥沙、岩石都是地球表面的固态矿物质，都可以称为土。这样看来，它并不是一种元素、单质，而是包含着多种元素的物质。我们可以在土里面找到所有的金属和非金属。所有的单质都是从土里得到的，古代说的四元素，用现代的眼光看的话，也就不合理了。"

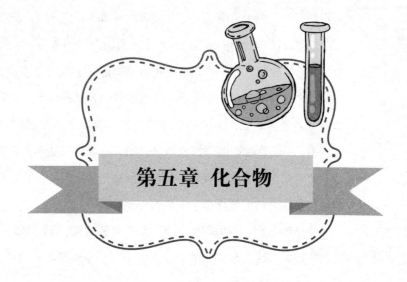

第五章 化合物

"有了砂石水泥等建筑材料,建筑工人可以建造任何的建筑,亭台楼阁、厂房桥梁、寺庙道观等等。这些建筑用到的建筑材料是一样的,但是表现出来的形式却是各式各样的。自然界中只存在九十几种元素,这些元素构成了动物界、植物界、矿物界的所有物质。自身不是单质的物质,都可以继续分解为金属或者非金属,也或者包含着金属非金属两种元素的其他物质。"

"你的意思是说我们身边的一切东西都是由各种元素构成的吗?"

"除了那些本来就是单质的东西,其他的都是这样的。就拿最常见的碳元素来说,面包里面就包含着碳,这我以前提到过。还有木头里面也含有碳,这从燃烧之后的木头就可以很明显地看出来。面包里面的碳和木头里面的碳是一种东西,经过不断的转化,面包里的碳就可以跑到木头里面去。同样,木头里面的碳也可以跑到面包里面。"

"这么说的话,我们吃奶油面包,其实就是吃能变成木头的东西啊!"爱

弥儿觉得好笑极了，说道。

叔叔说："我想告诉你们——你认为很滑稽的事情，其实更接近事实真相。"

"哦，叔叔，光一个单质就把我搞糊涂了，我可不想再说别的了。"

"这样就糊涂了，那可不行。当迷雾的天空中透出一丝耀眼的阳光的时候，你可能会觉得眩晕，不过这都是暂时的。真理就像那道阳光一样，只要我们坚持下去，一切就都明朗了。像栗子、苹果、梨这样的东西，它们里面有碳吗？"

"我知道栗子里面有碳，把它放到锅里面反复地炒，炒焦了之后就会发黑。苹果和梨在火炉上面烤焦了也是这样。"喻儿说。

"是的，烧焦了的栗子、苹果、梨有着和木头、面包里面一样的碳。这样来看，我们吃的东西确实可以变成木头。你们现在还有不明白的吗？"

"我没什么问题了。"爱弥儿说。

"还有一点可以马上让你们知道。先点燃一盏煤油灯，然后在火焰上面放一块玻璃，就可以看到玻璃上面有黑色的东西出现。"

"那是烟灰，这个我知道。我观察日食的时候就是按照这样的方法来把玻璃熏黑的。"

"烟灰是什么呢？"

"和木炭灰有些像啊！"

"不是像，它们就是一样的东西——都是碳。那么你们知道碳从哪里来的吗？"

"我觉得应该是从煤油灯里面的煤油来的。"

"没错，就是煤油里面来的。煤油点燃之后，受热分解出了碳。这里的碳和其他物质中的碳是一模一样的元素，这是毫无疑问的。同样，椰子油、棕榈油、牛油、羊油里面也包含着碳。蜡烛燃烧之后也会生成和煤油灯一样的烟灰。除了这些，树脂里面也含有碳，燃烧的时候会发出黑色的烟。还有很多很多这样的例子不胜枚举。最后我再说说你们经常吃的肉类，想一想，要是厨师煮肉的时候忘记关火了会怎么样？"

"肉会煮焦了，变成木炭。"爱弥儿高声回答说。

保罗叔叔问："你们可以得出什么结论呢？"

"肉类里面含有碳，一切物质都含有碳。"

"一切的物质都含有碳吗？不是这样。含碳的物质数量很多，特别是所有动植物的制品。这些东西受热之后，会分解出碳，变成灰状。"

"那么，白纸烧了之后变黑，应该也是因为含有碳！"

"你说对了，纸是用废旧的布制成的，布是用棉麻或者毛织成的。"

喻儿问："那牛奶也含有碳吗？它比纸还要白。我曾经见过牛奶的泡沫沾到锅边上就变成黑色了。"

"是的，牛奶里面也含有碳。这里不继续列举了。爱弥儿，你能把你最近看过的拉封登寓言背一下吗？"

"你说的是哪一则啊？"

"就是雕塑家和丘比特石像的那个。"

"好，我知道了：

美丽的云石啊，

获得了雕塑家的欢心。

将它买来心暗想：

'是做成神像，桌椅还是磨盘？'

'还是顺着心意雕成神像吧！

让它执掌着雷电，

显示着威严，

百姓敬畏它，

声名远扬。'"

当爱弥儿背到这里的时候，叔叔打断他说到："好了，停一下。拉封登告诉我们说，有一个雕塑家买到了一块很美丽的云石，心里想着要把它做成什么东西呢？做成神像、桌案还是磨盘呢？最后雕塑家决定把它雕成一个神像。其实大自然中的一切也是这样。我们在地里面播种，可以选择种萝卜、麦子，同样可以选择种玫瑰花。植物需要土壤里面的碳。如果我们播种的是玫瑰花，那么这些碳就给了玫瑰花，变成了玫瑰花的一部分。要是我们种的是萝卜或者麦子，那么这些碳就给了萝卜或者麦子，变成了萝卜麦子的一部分。"

"那玫瑰花里面除了碳，还有其他东西吗？"爱弥儿问。

"有啊，如果没有的话，碳就不会变成别的东西，还是碳的模样了。碳和其他的单质化合之后，就变成了玫瑰花。同样的道理也适用于其他含有碳的物质。"

喻儿总结了一下叔叔讲的东西，说："面包、牛奶、羊油、牛油、煤油、果实、花朵、棉麻、纸张等等，这些东西里面看来都含有碳和其他的各种元素。不管是在花朵里面、蜡烛里面、纸张里面，还是木头里面，这种元素的性质都是不变的，还是一样的金属或者非金属。我在想，我们的身体也是由这些元素构成的吗？"

"没错，人体和所有的物质一样，都是由这些元素构成的，也包括那些金属和非金属。"

爱弥儿感到有些讶异，说道："我们的身体里面还有金属？难道是矿藏吗？那我们不是可以像变戏法的人那样，吞下去铁球了吗？我可不信。"

"我们的身体里面包含着和变戏法吞下去的铁球一样的铁。人体中铁是不可或缺的，要是没有了铁，我们就无法正常生活了。你们知道吗？我们的血之所以是红色的，就是铁的功劳。"

"不过铁虽然可以让我们的血变成红色，但是却不能直接成为我们的食物，那些变戏法的人其实也不能吃铁，只是在耍把戏而已。这种可以'染色'的物质到底是哪儿来的呢？"

"是靠食物提供的，就和我们身体需要的碳、硫和其他元素是一样的。既然碳可以和其他元素化合成别的东西，铁也就可以。那些营养不良，脸色发白的人，医生都会给他们开一些含有铁的药剂。虽然不是直接吞下铁球，不过也是吃铁。"

爱弥儿说："好了，我已经相信了，不要再说其他的了。"

"我要说的还没完呢！人的身体可不是矿藏哦！人体里面所需要的金属有也只有那么几种。铁是其中的一种。我们知道的那些金、银、锡、铅、汞，这些金属都不在需要范围内。不仅不需要，铅和汞还有毒呢，要是人体内这两种金属含量过高了，会危及到生命的安全。人体对铁的需求只是少量的，一点点就可以让血液呈现红色，还可以起到其他的作用。拿牛来说，它的血液里面含的铁，做一颗钉子都不够呢！我们若想把血液里面的铁变成钉子，这个过程也是非常复杂庞大的。我们不能否认这样做的可能性，只是那样做成的钉子可就值钱多了。"

"你们现在学了这么多，应该懂得了，只要通过一些方法，用单质可以化合成各种各样的物质。这些物质因为是由几种元素化合而成的，因此统称为'化合物'。水是一种化合物，面粉、木头、纸张、煤油、脂肪、树脂之类的都是化合物。水包含氢和氧两种元素，我很快就会给你们仔细讲解氢和氧的形状与性质。其他那些化合物除了含有氢和氧，还含有大量的碳。"

"可以说，化合物的种类是不可计数的。不过数目再多，也逃不出那九十几种元素，一般都是由其中的几种化合生成的。里面有几种单质，平时作用并不大，就是没有它们，对世上万物的数量也不会影响太大。这其中就包括黄金。大自然中绝大部分物质的组成用到了都是那常见的十几种元素。"

喻儿追问说："我还有个问题不太明白，既然世上万物是没办法计数的，为什么只有九十多种造成万物的元素呢？你刚才又说到绝大多数的物质构成只有十几种元素，这怎么可能呢？"

"我就知道你们会有问题，你就是不问，我也会解释的。我现在举个简单的例子，你们都知道字母有 26 个，那么你们知道它们一共造了多少个词吗？"

"这个……这个……我没数过，就是一本最小部头的字典，里面的词也有好多好多，假设有一万个词。"

"因为本来也不需要准确的数字，暂且就当作有一万个词吧！我们现在说的是我们国家的语言文字，其实这些字母还可以写成古今中外、世界各地的文字。那些拉丁文、英文、意大利文、西班牙文、德文、丹麦文、瑞典文等等，起初都是用这 26 个字母组成的。还有像希腊文、中文、印度文、阿拉伯文等语言，也可以用 26 个字母来拼写。你们想一想，要是把这些文字都加起来，会是多么庞大的一个数字！"

喻儿说："那得有几百万之多了，几万可不能涵盖所有。"

"我们将这 26 个字母看成是那些元素，那么组成的词语就是化合物，这个比喻非常贴切。几个字母按照一定的顺序排列起来，就组成了一个词语，赋予了词语独特的意义。一样的道理，几种元素按照一定的比例规律化合在一起，就构成了一种化合物，拥有自己独特的性质。"

"和字母是构成词语的元素一样，化学元素是构成物质的基本组成。"喻儿说。

"说得不错。"

"所有化合物的数量和世界各国的词汇一样的多，不过我还是觉得字母可以变化得更多一些。你想啊，字母有 26 个，而你说构成化合物的元素就是那十几种。26 个字母自然应该比十几种元素排列组合数更多一些。"

"字母的数可以减少，这你们应该知道。虽然减少了，但是还是可以代表所有的意思。比如说 k、q 和刚音 c 的区别在哪里呢？没什么区别，除了必要的那一个，另外两个可以省略掉。柔音 c 和尖音 s 一样，x 和 ks 一样，y 和 i 也是一样的。如果把那些重复读音的字母去掉，剩下的那些还是可以构成许许多多意思各异的词语。当然了，这些省略了的字母和构成大部分化合物元素相比，还是要多一些。不过要是从结合方法来说的话，元素结合的方法要比字母简单很多。

"一个词语的构成，会用到很多字母。就说那个又长又难读的词语——flocc inauc inihi lipil ifica tion，这个词语一口气读完需要一些工夫，它一共包含了 29 个字母，12 种。相比来说，化合物要简单许多，一般含有两到三种元素，含有四种元素的化合物已经是少见的了。你们可以想象一种文字，用两到四种字母拼写词汇，那么也就可以想象各种元素化合生成的化合物了。硫化铁包含两种元素，水也包含两种元素，油包含三种元素，动物的肌肉含有四种元素。那些含有两种元素的化合物叫做'二元化合物'，含有三到四种元素的化合物叫做'三元化合物'或者'四元化合物'。

"既然我们说化合物是由两到四种不等的元素化合成的，那为什么它们又是数量庞大的呢？我们可以用 rain 这个词语当作例子解释这个问题。我们把它的第一个字母替换成别的字母，可以得到很多不同的词语，如 gain、lain、vain、pain 等。一样的方法，fin 这个词语变化了其中一个字母，就可以得到 tin、din、sin 等。你们瞧，虽然只是改变了一个字母，但是词语的意思已经发生了本质的变化。化合物其实也是这样，它里面的一个元素被别的元素替换之后，物质的性质也就发生了根本的变化。

"有一种变化会让化合物改变得更加厉害。这就如同在一个单词里，一个字母可以重复使用很多次，比如刚才那个长长的词语里面，光 i 这个字母就重复使用了 9 次。元素在化合物里面也可以重复使用，两次、三次、四次、五次，更多次也行。重复的次数不一样，化合物也就改变一次，性质也各不相同。在字典里面无法找到这样的例子，我们的文字是不允许一个短词里面一个字母重复多次的。要是你见到 ba、baa、bbba、bbbba 等词语的时候，如果这些词语意思各不相同，你们就知道化合物是如何变化的了。"

喻儿说："化合物要是如此形成的话，种类可就多了。十几种单质就足够用了，有变化的，有重复的，那就可以构成数不清的化合物了。"

"爱弥儿，你有什么看法？"叔叔问道。

"我觉得喻儿说得很对，十几种元素就可以构成数不清的化合物，至于 ba 和 bba 不一样的原因，我还没搞清楚。"

"那我给你举个例子吧！"

"太好了，喻儿也会很乐意听的。"

"达成你们的愿望是很容易的。"

　　叔叔说完就拉开抽屉，从里面拿了一个东西出来，展示到他们眼前。这种东西闪着金色的光，分量很重，在阳光下面有一种类似金属的光泽。

　　爱弥儿看到这个闪光的石头，大声叫道："哇！好大一块黄金啊！"

　　叔叔说："这个东西叫做'愚人金'，不知道的人还以为是值钱的黄金呢！其实它一点都不值钱，在山上的岩石里面，就可以找到很多这样的石头。一堆这东西也卖不了一分钱。书上叫它黄铁矿，如果用钢铁（如小刀刀背）敲击它，就可以发出明亮的火花，比燧石还要好用。"

　　叔叔说完就拿出了一把小刀，为他们实验了一下。继续说："这种黄铁矿，也就是愚人金，无论是色彩上，还是光泽上，都和黄金很接近，但其里面一点黄金都没有。它不是一种单质，而是一种化合物，包含着两种元素——铁和硫。"

　　爱弥儿很惊讶地说："那块'黄金'居然是铁和硫磺构成的，和人造火山里面黑色的粉末是一种东西吗？"

　　"是啊，它们都是硫磺和铁化合成的。"

　　"那为什么它们看起来一点儿都不一样呢？"

　　"不一样的地方在于愚人金里面的硫重复了。"

　　"你是说 ba 变成 bba 吗？"

　　"就是这样，为了表示这种重复关系，化学上面把那种黑色粉末叫硫化铁，把那种黄铁矿叫二硫化铁。"

　　"我明白了，叔叔，真是谢谢你！你把那块美丽的石头展示给我们，通过它我们知道了化学上面 ba 和 bba 的区别。"

第六章 呼吸的实验

自从两个孩子见识了闪闪发光的愚人金之后，总是说起来那东西。保罗叔叔看他俩那么喜欢，就把那石头子送给了他们。孩子们跑到一个光线昏暗的地方，用铁不断敲击，就可以看到迸射出火花来，兴奋得手舞足蹈。他们还在叔叔的指点下，打算去附近的山上找相同的石头子。喻儿的架子上已经摆放了许多各种各样的黄铁矿石，有金色的，方方正正仿佛精雕细琢过，有青色的，形状千奇百怪。叔叔说过第一种称为结晶体，就是说大部分物质在一定条件下，都会依照几何学法则排列规则。

"我们以后再详细说这个，现在我们需要注意的是，之前我们讨论判断的时候，总是建立在一些细小的事实上。你们那时还不太成熟，现在你们已经有了一些基础，我们就可以系统地学习化学了。学习只有一条路可以走，那就是自己必需仔细观察，亲自接触，时刻注意。我们来试着做几个实验吧！"保罗叔叔说。

"实验很多吗？"孩子们问道。

"化学里面没有确切的实验数字，我只能说很多很多。"

"那简直太棒了，我永远也不会讨厌做实验，叔叔你能让我们自己动手实验吗？就如同做人造火山那样，太有意思了。"

"我可以让你们亲手实验，前提是没有危险。如果有安全隐患，我会把一些注意事项提前告诉你们的。喻儿聪明谨慎，就做负责人吧！"

话音刚落，那个年纪稍大一些的孩子有些不好意思地红了脸。

"我们马上说到的空气，是一种非常重要的物质，地球四周无处不在，厚度大约有 45 英里多，这就是大气。它眼看不见，手摸不着，让人难以琢磨。如果说它是物质，你们一定不相信，空气怎么可能是物质呢？它有重量吗？答案是肯定的，空气就是物质，它有重量。我们用精密的仪器测量到一升的空气大约重 1.293 克。和铅相比，这个数值不值一提，要是和我们即将提到的这种东西比的话，这个数值就很庞大了。"

"啊？还有比空气还轻的东西存在吗？人们不是总说'轻得就像空气一样'，世界上好像没有比空气再轻的东西了。"喻儿很疑惑地说。

"虽然是这样，不过世界上存在着一种比空气还轻的东西，也是很可能的，就好像木头和铅相比一样。空气是无色的，所以我们看不到它。记住我说的是无色、看不到，只针对很少的空气，如果空气的量多了，就不能这样说了。要想明白这个道理，我们可以利用水来验证。放在水杯里或玻璃瓶中少量的水几乎是无色的，如果是盛放在湖泊或海洋里的水就会呈现出不同深浅的蓝色。一样的道理，空气是无色的，如果厚度足够的话，就会呈现蓝色。"

"正因为空气是看不到的，不好收集的，无法抓到的，所以做一些关于空气的精密研究就有很大的困难。我们要想检验一下空气的性质，就需要取一定量的空气，和周围的大气隔绝，密封在一个容器里，让它在容器里自由扩散，不要突破我们的限制，掌控在我们的手中。如何去操作这个实验也是不容易的。"

"对我来说很难，对叔叔来说，就不难了。"喻儿说。

　　"哈哈，如果我也搞不定的话，我们就无法继续讲下去了。难操控的不仅仅是空气，还有很多其他的物质也是难以操控的。如果连空气的问题都解决不了，更没办法解决其他物质的问题了，被誉为'近代工业之母'的化学，更不可能发展得这么快。如同空气一样容易跑掉的轻微物质，我们都称为'气体'。空气是其中的一种。我们接下来就说说如何捕捉空气吧！就拿我们肺里面的空气做例子，捕捉一下我们嘴里吐出来的气。我先准备一个玻璃杯子，倒扣在水盆里，里面充满水。杯中的水可以高出水面，不流下来。为什么不流下来呢？我们马上就会讲到，现在我们就来做这个实验吧！我现在拿一根玻璃管在杯子下面吹气，没有玻璃管的话，可以用芦苇秆、麦秆或者麻骨等来代替一下。这时候我肺里面的空气就出来了，水里面就会冒出气泡来。空气很轻，就会上升到杯底，把杯中的水挤出去。你们瞧，现在我呼出的气已经装满了整个杯子，可以用来做很多的实验。"

　　爱弥儿看完之后感叹道："原来并不难啊！"

　　"所有的问题大约都如此吧，没有解决前感到困难无比，解决了之后就变得豁然开朗了。"

　　"你们看到这个杯子里已经装满了我吐出来的气体，这是多么奇妙的一件事啊，本来看不到摸不着的东西，就这样收集在一起了。日常生活中，我总在呼气吸气，可是呼的是什么，从没有见过，现在却可以亲眼看到吐出的气体在水中上升。"

　　"没错，水帮助你们看见了本来看不到的东西。"

　　"现在的水是静止的，我看不到有什么东西存在，不过我现在相信在那个看起来什么都没有的杯子里，一定有东西。我见证了那些东西将杯中的水挤出来的过程。叔叔将自己吐出的气都收集起来，简直太有趣了。我能试一试吗？"

　　"没有问题。不过你得将杯子里的东西先拿出来。"

　　"拿出来？怎么拿呢？"

"就像这样。"

叔叔说着就抓着水杯底部，向水面慢慢倾斜，杯子里涌出了一些气泡来，咕嘟咕嘟地发出了声响。

"呀，快看，叔叔吐出的气都跑到空气里去了。"爱弥儿大声叫道，说完他自己也模仿保罗叔叔的样子演示了一遍，把玻璃管插到杯子底下慢慢吹气，看到气泡逐渐上升到杯子底，感到快乐极了。

当他吐出的气将杯子里的水都挤出去之后，他说到："装满了，叔叔，我要这样继续收集一大瓶子，可以吗？"

"当然可以，只要你高兴，就去做吧！"

桌子上放着一个保罗叔叔打算以后做实验用的广口大玻璃瓶，爱弥儿拿了过来放在水盆里，可是水盆很浅，大玻璃瓶无法全部浸在水中，再倒立起来，他说道："哦，叔叔，快来，这个水盆太浅了，我怎么才能让它倒立呢？"

"这个方法不行的话，就像我一样换一种方法吧！"

保罗叔叔说完就拿过瓶子，在里面倒满了水，左手捂着瓶口，右手拿着瓶子，倒过来放到了水盆里，然后抽出左手，瓶子就一滴水不漏地倒立在水里了。

"叔叔你简直太厉害了，什么事都难不倒你啊！"爱弥儿高兴地大声说。

"我们都有自己的聪明智慧，要不怎么用简单的仪器操作精密的实验呢？"

没用了几分钟，爱弥儿就吹了满满一瓶子的气，喻儿之后也试了一试。

保罗叔叔说："你们想一想，杯子瓶子里的水为什么在盆子里的水上方，也不会流下来呢？我觉得有必要讲解一下，当然不能太详细，那属于物理学范畴，在化学范围之内简单说说。

"空气和其他物质一样，是有重量的。我们之前提到它的重量是一升1.293克，虽然单看这个数值很微小，可是你们想一想，我们地球上的大气有多厚？45英里！如果都算在一起的话，这个数值就庞大了。既然大气有重量，那么所有在大气里面的东西都会受到大气施加的压力。当压到水盆的水平面上，压力就会从水传递到瓶子的口，托住里面的水，高高地在水平面上。

"我给你们讲一个更加有趣的实验，你们就会相信了。取一个瓶子，里面装满水，在瓶口贴一张沾湿了的纸，一只手捂住那张纸，一只手抓着瓶子，颠倒过来。这时候，如果你将捂在瓶口的手挪开，瓶中的水也不会流出来。这就是大气的压力在起作用，它托住了瓶子里的水。沾湿的纸的作用是为了防止空气进入，不让水流出来。

"唔，我们可以试一试吗？"孩子们跃跃欲试地说道。

"没问题，我们现在就动手来做，所有的东西这里都有，瓶子、纸、水，一样都不缺。"

叔叔拿出瓶子，装满了水，然后把瓶口用湿纸贴住，右手抓住瓶子，左手捂着瓶口，慢慢颠倒了过来，当左手慢慢移开的时候，水真的没有漏出来。

爱弥儿两眼目不转睛，感叹道："哇，真是奇妙啊！湿纸根本就塞不住瓶子口啊，怎么水不流出来呢？这样能保持多长时间呢？"

"如果你能坚持一直拿着，可以保持很长时间直到永远。"

"那这瓶子里的水是否一直都在向下施加压力呢？"

"没错，是这样的，它一直在向下压，之所以能被托住是因为水的压力没有大气的压力大。"

"那要是拿走那张湿纸会怎么样呢？"

"水会立刻流出来啊，湿纸的作用是隔开水和空气，水不会到空气里，空气也不会到水里。不这样的话，空气就会跑到瓶中水的位置，水就会被挤出来。就好像拿两根铁棍互相推，结果会互不相让，僵持不下。湿纸隔绝了水和空气，也是这个道理。如果铁棍换成了细细的针的话，就不能互相推动了，只会穿插起来，就和未经湿纸隔开的水和空气一样。

"我们刚才用来收集气体的瓶子，倒立在水盆里的时候，里面的水因为有空气的压力，高于水平面，不会流下来。那么我们假设用一只很高的容器替换

下原来的瓶子，比如说用一根长长的玻璃管，一头封了口，装满水后，倒立在水盆里，那么这个容器里面的水能保持在水平面上吗？答案是不可能。如果这个玻璃管不超过 10 米，那么还能保持水不流下来。如果超过了 10 米，那么超出的部分就会空出来。这是因为大气的压力能保持的高度就是 10 米高，超出了这个高度，就没办法保持了。我们常用容器的高度都在 10 米之下，所以不会有流下来的可能。

"我还要说一个方法，那就是如何把气体从一个容器转移到另一个容器。我可以用我们刚刚吐出的气做个实验。我先按照刚才的方法在一个杯子里装满了空气，然后再拿另一个杯子装满水，倒扣在水盆里，保持杯口刚刚没入水平面下，然后把第一个杯子放倒，杯口在第二个杯口之下，这时候第一个杯子里的气体就会变成气泡慢慢跑到第二个杯子里。"

"大家都知道，移动液体的工具常用的是漏斗，比如说倒酒；移动气体的话有时候也可以用漏斗。只不过化学中的漏斗都是用抗腐蚀性很强的玻璃做的，因为很多液体的腐蚀性都极强。我们现在只是移动气体，那么用普通的漏斗就可以，用铁皮做的。如果有适合化学实验的玻璃漏斗是再好不过的，玻璃的透明性，是铁皮漏斗没有的优点，这样我们就可以清楚地看到漏斗里发生的化学变化。

"不管什么容器里的气体，要想移到窄口长颈瓶里，就必须用到漏斗。这个移动必须在水里操作。方法就是先把瓶子装满水，倒立在水盆里，一手拿着漏斗从水中插入瓶口，然后和上面说的一样，装有气体的容器里的气体就会变成气泡，从漏斗里进入瓶子里。

"今天就说这么多了，你们再练习一下这个实验吧！先收集好你们呼出来的气，再把收集在杯子里的气体转移到其他的容器里，多练一练吧！没准儿很快就可以帮我了呢。"

第七章 空气的实验

　　保罗叔叔拿了一个很深的盘子，盘子中间放着一支蜡烛，用蜡泪粘在那里。然后他把蜡烛点着了，上面罩上了一个透明无色的大玻璃瓶，又在盘子里倒满了水。

　　两个孩子看着他做的事情，悄悄地咬着耳朵说话，都不明白他到底要做什么实验。他们的疑惑没有持续太久，保罗叔叔准备好了一切，开口说话了。

　　"瓶子里有什么？"

　　"一支蜡烛，点着了。"爱弥儿回答说。

　　"还有别的吗？"

　　"除了蜡烛，应该没有什么了。"

　　"你们忘记了吗？我说过什么东西我们是看不见的？想一想，不要光靠眼睛看。"

　　爱弥儿没想出还有什么看不见的东西，有些羞愧，喻儿这时候说话了："里

面应该还有空气。"

"可是叔叔没往里面放空气啊！"爱弥儿说。

叔叔说："还用亲自放吗？里面本来就有啊。就好像一个没入水中的没有盖子的瓶子一样，我们用的所有容器，都在大气里面，不管是杯子、瓶子还是罐子。当我们把酒瓶里的酒倒光之后，总是会说瓶子空了，可是真的空了吗？当然没有，整个瓶子里原来是酒的地方现在都充满了空气。我们平常说的空其实都不空，如果真的想要达到空的境界，也是可以做到的，不过需要必需的物件才可以达到效果。"

喻儿说："是抽气泵吗？"

"没错，就是抽气泵，用来抽取密封容器里的空气，不过我的瓶子里没有抽过，所以里面装满了我们周围的空气。里面的蜡烛正是在瓶子里的空气中燃烧着，那么我们为什么要用水装满盘子呢？这是因为瓶子里的空气是我用来做实验的，对它的性质进行研究。也因为这，我们才把空气密封在这个容器里，隔绝开周围的大气，不这样的话，实验就不能继续下去，我们也搞不清楚研究的到底是哪一部分空气。光靠这个倒立的瓶子，还不足以隔离开，瓶子口和盘子之间总有一些小小的缝隙，空气可以流进来。为了避免这种情况的发生，我们就在盘子里面装了水，来堵住这细细的缝隙。这些水既可以隔绝开瓶子里面和外界的空气，通过它还可以看到明显的实验效果。注意观察了哦！"

瓶子里面燃烧的蜡烛，起初和平常空气中一样地燃烧很明亮。不过，没过多长时间，就看到火焰慢慢小了，变得只有黄豆那么大，冒出黑烟，最后熄灭了。

"快看，蜡烛灭了，可是没有人吹过它啊！"爱弥儿高声说。

"爱弥儿，不要着急，我马上就会讲到这一点的，你们先看看盘子里的水有什么变化。"

两个孩子小心翼翼地观察着，就看到盘子里面的水慢慢上升到了瓶子颈部，原本是空气的位置现在被水填充了。

叔叔说："好了，有什么问题可以问了。"

爱弥儿说："我要问的是，平时我们要想熄灭一支蜡烛，就会冲着火焰使劲吹气，现在我们并没有吹气，而且它还有瓶子罩住了，就是吹了或者是风的缘故，也吹不到瓶子里面。那燃烧的火焰怎么会自己熄灭了呢？你能解释一下吗？"

"我也有个问题要问，瓶子里本来是空气，可是现在瓶口的一部分却填充进了水，那么原来的那一部分空气哪里去了呢？如果你不解释的话，我会认为是燃烧的蜡烛把那些空气吃掉了。"喻儿也说道。

"我们先看喻儿说到的问题，解决了这个，爱弥儿的问题也就无需解释了。你们可以注意到瓶中的空气少了一些，强有力的证据正是上升起来的水。我们可以说那些空气消失了，可是不能说它消灭了。如果仔细琢磨一下，就会发现丢失的气体其实已经转化成了别的东西了。我曾经说过，光和热的出现就意味着物质之间化合作用的发生。"

"是啊，我记着呢，你说过光和热是为了庆祝化学结婚的彩灯和爆竹，你是说这个瓶子里在举行婚礼吗？"喻儿说。

"没错，当火焰发出光，散发热的时候，那里已经发生了化合作用。是什么物质之间发生了化合作用呢？一种是蜡烛本身这是肯定的，另外一种没有别的，就是空气。它们化合了之后产生了一种新的物质，这种物质的性质和蜡烛、空气毫不相同，是全新的。它和空气一样，眼睛看不到它。"

"可是按照你说的，新产生的物质也是看不到的气体的话，这新物质应该会填充了已经消失了的空气位置啊？那样的话，瓶子里不管发生了什么变化，应该还是充满了气体。可是我们看到的并不是那样，盘子里的水上升进入了瓶子，为什么呢？"喻儿反问道。

"不要着急，我马上就会解释的。我们说的这种化合物，像盐和糖一样，很容易溶解在水里。盐和糖溶解之后，就看不到了，可是我们感知到它的存在，因为水有了特有的味道。一样的道理，新产生的无色气体也溶入了水中。我们在炎热的夏天会喝到的汽水就是一个例子，汽水里面有一种气体，当我们打开瓶盖或者摇晃汽水瓶的时候，那种气体就会迫不及待地跑出来。汽水里面的气体和蜡烛燃烧之后产生的气体是相同的，这是很有趣的题目，这里我们不细说，以后有时间再说。

"蜡烛和空气作用产生的化合物溶解在水里，会空出一些位置，盘子里面的水因为大气的压力，就被挤进了瓶子里面，填充了空位。那么根据瓶子里水上升的高度也就可以推断出消失了的空气的体积。"

爱弥儿说："上升的水不太高，只是和瓶颈齐平了。"

"这就是说蜡烛燃烧消耗掉的空气很少，我们假设瓶子里上升的水是瓶子容积的十分之一，那么蜡烛燃烧了的空气就是瓶子容积的十分之一。"

"可是瓶子里不是还有很多空气吗？为什么蜡烛不继续燃烧消耗掉它们呢？现在瓶子里的空气和之前的空气看起来都是无色透明的，有什么不一样吗？"

"我来解答你的疑问吧！没有人吹过蜡烛它就熄灭了，为什么呢？我们知道，蜡烛之所以会燃烧，是因为它和空气里的某种气体发生了化合反应，两者缺一不可。蜡烛作为燃料，当然是必需有的。空气的作用你们可能就会有疑问了。经过了刚才的实验，你们应该可以想到，必定是缺少了一样重要的东西才导致蜡烛不能继续燃烧。"

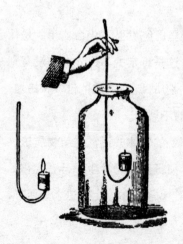

"我能明白，没有人吹灭，也没有风，就应该考虑是少了一样至关重要的东西，这东西是什么呢？"

"一定是少了空气，说明空气是燃烧需要的重要物质。"

"可是瓶子里面不是还有很多空气吗？和刚才没有太大区别啊。"

"你说得不错，可是我们知道，空气不是由一种物质构成的，它包含着好多种透明的气体，其中占绝大部分的是两种。一种可以助燃，相对要少一些，另外一种无法助燃，占的比例很大。当瓶子里可以助燃的气体没有了，蜡烛也就不能继续燃烧了。"

"哦，我懂了。蜡烛之所以熄灭了，是因为缺少了帮助它继续燃烧的气体。蜡烛和这种气体发生化合之后，生成了一种可以溶解在水里的新的气体，盘子里的水也就上升到了瓶子里。如今瓶子里的气体都是无法支持燃烧的气体，蜡烛自然而然也就熄灭了。"喻儿说。

"你的说法基本上是对的，还可以再更正一下。蜡烛没有能力将里面全部的助燃气体都消耗掉，瓶子里面其实还是有一点点剩余的，只是因为剩下的太少了，不足以支撑蜡烛继续燃烧了。现在我们暂且做到这一步，以后有机会我们再解决余下的那一点气体。"

爱弥儿说："那我们要是点燃另外一支蜡烛，把它放进去，会熄灭吗？"

"会啊，这是肯定的，而且会很快熄灭，就好像水扑灭了一样。之前的蜡烛会灭，再放进去的同样没有燃烧的可能。"

"可是我还是想要试验一下。"

"好吧，那就试一试吧！"

保罗叔叔说完就取来一根蜡烛，插在一根铁丝上，铁丝弯成钩子的形状。左手把瓶子拿起来，右手伸到水里把瓶口盖住，从水里把瓶子慢慢拿了出来，放在了桌子上，然后把右手挪开。

"你的手不盖着瓶口，里面的气体不会跑出来吗？"爱弥儿疑惑地问道。

"不会的，因为里面的气体和外面的空气重量是一样的，为了打消你的担心，我们可以给它做个盖子。"说着他拿起了一块窗户上的碎玻璃，盖住了瓶子口。

"现在我们实验一下吧！"他说道。

叔叔把插在铁丝上的蜡烛点着了，然后打开瓶子上面的玻璃盖子，慢慢放

了进去，燃烧的蜡烛一下子就熄灭了，如此几次，都是一样的结果。"

"你现在相信吗？可以亲手试一试，试验过了就相信结果了。"

爱弥儿接过蜡烛，亲自动手试了试，无论他如何小心翼翼地操作，几次实验的结果都是一样的，蜡烛都马上熄灭了。

几次过后，爱弥儿的耐心消磨掉了，说道："虽然这里面的蜡烛不能燃烧，也许是因为这个瓶子不行。它太小了，空间受限制，或许蜡烛熄灭的原因是这个呢？"

"有疑问很正常，我马上就可以回答你。来，看好了啊！这个瓶子和刚才的瓶子一模一样，里面装的就是普通的空气。你用它试一试吧！"

爱弥儿照旧做了一遍，亲手验证过实验结果之后，他的疑问就解决了。

"你没有疑问了吗？"

"是的，毫无疑问。"

"那我继续往下说，通过上面的实验，我们知道了空气里面包含着多种无色透明的气体，其中有两种气体占了很大的比重。可是它们的性质却完全不同。比重较少的那种气体可以助燃，另外一种比重较多的气体不能助燃。第一种叫氧气，第二种叫氮气。两者都是单质，属于非金属。这样看来，我们也就不能继续认为空气只含有一种元素了。空气是一种混合物这一论断的出现，不足 200 年的时间。"

喻儿说："这多简单啊，把瓶子倒立在水里，然后把蜡烛放进去，古人为什么没有想到这样做呢？"

"现在觉得很简单，可是要想第一个想出来就很难了。"

第八章 空气的实验(续)

"我们刚刚做的蜡烛燃烧的实验,操作起来很简便,需要的实验用具也很常见,只是这还不是一个完整的实验。通过这个实验我们知道了空气中主要包含着两种不同的气体,一种是氧气,可以助燃;一种是氮气,不能助燃。可是通过这个实验我们并不能搞清楚氧气占多少,氮气占多少。蜡烛熄灭之后,里面的气体还不是纯氮气,会有一些氧气以及少量其他气体存在。

"蜡烛的火焰很容易熄灭,哪怕是小小的风吹也会熄灭。虽然瓶子里没有流动的气流,但是要想燃烧尽瓶中的氧气是很难做到的。因此氧气减少的过程中,蜡烛的火焰也越来越弱,最后熄灭。如果将蜡烛的火焰比喻成一个饭量很小的食客,这位客人已经将一桌饭菜吃得只剩下一点点。我们如果想要做一个完整的实验,就需要找到一位饭量很大的食客,把桌上的饭菜风卷残云般地全部吃光,剩一些难啃的骨头。我们需要一种燃烧很猛烈的燃料,可以耗尽里面所有的氧气,剩下的就是无法助燃的氮气等少量其他气体。

"什么燃料可以达到这个效果呢？煤吗？其实煤不如蜡烛，蜡烛很容易点着，煤呢？还得需要东西引燃，燃烧起来之后，需要不断运送空气，要想用它做实验，可行性不太高。那么硫磺呢？硫磺很容易燃烧，可以消耗掉很多的氧气，可是它会释放出一种刺鼻的气味，我们实在找不到其他的燃料，也可以用它试一试。你们想想红色火柴头有助燃的物质，还有一种易燃物是什么呢？"

孩子们齐声说："是磷！是磷！"

"说得对，就是磷！磷这种物质很容易燃烧，轻微的摩擦都可以使它燃烧起来，这一点其他的物质很难比得上。我们要想找的饭量大的食客，就是磷。我们要充分了解它的性质，才可以动手做实验。你们对磷的了解还不太够，充其量只是在火柴头上接触过。"

"你为什么说红色火柴头，不说黑色火柴头呢？黑色的不是磷做的吗？"爱弥儿问。

"因为黑色火柴头和红色火柴头用的磷不一样，红色火柴头用的就是很普通的磷，称为'白磷（或黄磷）'，我们做实验要用的正是这一种。黑色火柴头用的是一种稳定性很高的磷，性质不太活跃，红色的，称为'红磷'，我们以后会说到。白磷呈现出的状态是黄色的蜡状物，之所以我们看到的是红色的，是因为加入了红色的颜料。红色火柴头里面除了白磷和红色颜料，还包含着一些助燃物质和树胶之类的东西。你们眼睛看到的磷不是纯磷，我现在拿出来的才是纯磷，你们好好看哦。"

"前几天，我到城里办事去了，捎带着买了一些实验室里要用到的东西。实验室就是做科学研究的场地，科学家的战场。我们的战场很简陋，不过还是需要一些设备的，就是用具和用品。什么都没有的话，怎么做实验呢？空口白牙是不能称为化学的。我让你们亲眼看到实验的过程，亲手触摸到实验用品，这是学好化学的唯一路径。

"失去了铁钳和锤子的铁匠，一事无成。失去了实验药品和仪器的化学家，也是寸步难行的。我们需要慢慢准备好这些物品，只可惜我没有充足的钱，目前只能准备好这些必不可少的物品。幸好每当遇到困难，我总是想着充分利用日用品，避免使用一些复杂难搞的工具，多多思考也是一件好事。我们常见的水盆、瓶子、玻璃杯都可以用来做实验啊！实际的实验效果和在大型实验室里达到的效果没什么区别。我们以后完全可以继续发扬下去。当有朝一日你们踏进了设备齐全的大型实验室，一定会怀念今日我们自己简陋的实验室的。

"或许我们也会遇到无法解决的困难，那时候我们就会考虑买一些一定要用到的物品，好了，不说别的没用的了，还是说一说磷吧！"

保罗叔叔取出一个装着水的瓶子来，瓶子里有一根根黄色的东西，就像小手指一样，然后把瓶子放在了孩子们的面前。

"这些半透明的黄色物质就是纯磷，有些像蜂蜡。"他说。

"你为什么要把它放到水里呢？"喻儿疑惑地说。

"白磷在空气里太活跃了，遇到一丁点的热就会自己燃烧起来。这就是把它放到水里的原因。"

"那为什么红色火柴头上面的磷不会自燃呢？你怎么也得摩擦一下才可以啊！"

"红色火柴头里的磷不是纯磷，我之前已经说过了，它里面还有树胶和颜料等物质，这样它的活跃性就大大降低了。遇到炎热的天气，依然很容易着火。爱弥儿不是说过火柴把他的手指烧伤了吗？这就是一个鲜明的证据。这同样是红色火柴不完善的地方。现在市场上销售的黑色火柴，就是为了避免这个缺点。黑色火柴用的磷是性质不活泼的红磷，在空气里不会自燃，这我已经说过了。而且黑色火柴上的磷不在火柴头上，而是在火柴盒侧面的棕色摩擦面上，这样的火柴在其他地方摩擦不会着火，人们也叫它安全火柴。"

"既然普通的白磷非常易燃，为什么放在水里就不易燃了呢？"爱弥儿问。

"难道把我昨天说的话都忘了吗？燃烧必须具备两种物质——可燃物质和助燃物质。助燃物质一般就是空气里面的氧气。可燃物质和氧气发生化合反应的时候，就会燃烧起来。也就是说在一个没有空气（氧气）的地方，不管是多么易燃的物质都不会燃烧起来。把白磷存放在水里就是为了让磷和空气隔绝开，

不让它自燃。

"我还有几句话要说，如果被燃烧的磷烧伤了，是很危险的事情，比燃烧的炭和灼热的铁烧伤还要痛苦得多。你们一定要避免随便玩耍这种东西。如果是拿它作为实验用品做研究，你们使用的时候要多加小心。

"我说这么多不仅是因为有失火和烧伤的危险，还有一点更要当心，因为磷也是一种毒药，一丁点的量就会取人性命。它是我们的大敌，时刻都要警醒。

"我现在说的就是怎么用磷来检测空气的成分，我们需要一点点的磷，使之在一个与外界隔绝的空气中燃烧。这个实验里要用的是大一些的容器，保证容器壁不会因为热量过高而爆裂了。没有其他选择的话，也可以用装糖果的大瓶子。我现在准备的是一个从药房买来的玻璃罩子，很实用。这是我们实验室里重要的仪器，你们使用的时候要万分小心。瞧瞧，这是一个无色透明的圆顶玻璃筒，上面有一个圆球状的把手。

"我们开始实验吧！因为要把玻璃罩内的空气和外面的空气隔绝开，所以磷燃烧的实验还要在水上进行。我们把磷放在一个浮在水面上的小木片上，或其他可以漂浮起来的东西上也可以。要是将磷直接放在木片上的话，木片会被磷烧掉，因此还需要在木片和磷之间垫上一层不可燃烧的东西，我们用的是一小片瓦片。好了，都准备好了。

"首先，我们取一小片磷，磷非常柔软，就像凝结的蜡一样，不过需要小心的是，切的时候不要把它暴露在空气中，否则刀子一摩擦就会着火，危险很大。也因为这个原因拿磷的时候，要用铁镊子夹住，要在水里迅速完成切的动作。你们看好了啊！我现在做一遍。"

叔叔拿着一个铁镊子伸到瓶子里，很快夹出一根磷条，只见有白色的烟雾冒出来，还有一股刺鼻的大蒜味。保罗叔叔解释说，这气味就是磷的气味，有些特殊。如果在暗处看那白色的烟雾，可以看到闪闪发光。叔叔在刚才取出的磷条上切下一小块磷，有两粒豌豆大小，而后马上将磷条又放进了水里。他把取出的磷放在瓦块上，又把瓦块放在了木片上，再把木片放在水上，点燃了它，然后用玻璃罩子罩了起来。

只看见罩子里面的磷冒出呼呼的火焰，猛烈地燃烧着，浓浓的白烟蔓延了整个玻璃罩，里面变成了乳白色的。盆里的水上升到了玻璃罩里，叔叔必须赶紧加水，避免盆里的水上升太快，而进去空气。因为浓浓的烟雾，火焰已经看不到了，偶尔一闪，就好像乌云密布的天空，突然打出的闪电。慢慢地，火焰越来越小，最后完全熄灭了。

保罗叔叔说："可以了，这块磷已经消耗掉了里面的全部氧气，剩下的就是氮气了。这块磷还没有完全燃烧完，一会烟雾淡了你们就可以看到了。我们先来说说磷燃烧之后释放的白烟，正是磷和氧气化合之后生成的。化合反应伴随着光和热，你们可以用手触摸一下瓦块感受一下。产生的白烟很容易溶于水，这样玻璃罩里就有多余的地方，水就随后上升填充了空位。既然白烟是磷和氧气的化合产物，我们也就知道白烟里面一定包含着氧，白烟落于水后慢慢消失了，氧也就消失了。这样推断的话，我们就可以根据水上升了多少，来推断剩余的氮气有多少。这些白烟全部溶解需要二三十分钟，要想快一些，可以慢慢摇晃一下里面的水。"

保罗叔叔说完，就轻轻摇了摇里面的水，很快就恢复了透明，我们可以看到瓦块上还有没有燃烧尽的磷，只是那磷现在是红色的，高温之后熔化了，乍一看都要认不出来了。叔叔慢慢侧了一下玻璃罩，把木片连同上面的东西都取了出来。

"瞧，燃烧之后的东西变成了红色，不过依旧是磷没有改变。这正是我刚才说到的用来制作黑色火柴头的红磷。红磷和白磷的区别，

除了颜色和形态不一样，性质上也不一样。白磷性质很活泼，置于空气会自燃。红磷呢？相对来说比较沉稳，没有高温高热来"助力"，是不会燃烧的。如果我们说白磷是一个勇敢健康的年轻人，红磷就是一个蔫了吧唧的病人。"叔叔说着拿起了瓦块上的红磷，带着孩子们到院子里，以便让残余的白烟充分散尽。叔叔把瓦块放在一块石头上，点燃了上面的残余物，只见那东西燃烧起来，释放出阵阵白烟，就和在玻璃罩里一模一样。这就是说上面的残余物还是磷没错。

那些磷全部燃烧完之后，叔叔才开口说："这样的话我们就知道了，罩子里的磷停止了燃烧，不是因为没有可燃物，而是缺少助燃物。我们已经证明了剩余的东西依然是可以燃烧的磷，缺少的就是助燃的氧气了。这样的话，罩子里还存在的气体就是不助燃的氮气了。

"和蜡烛的实验一样，磷的实验可以告诉我们空气里面主要包含两种气体，一种是助燃的氧气，一种是不助燃的氮气。不一样的是，磷的实验可以告诉我们空气中这两种气体分别含的量。我们用的罩子是圆筒状的，我们把它五等分之后，每一部分的容积就是相等的。我们可以观察到罩子里面上升的水占据了其中的五分之一，这是原来氧气占的份额。剩下的五分之四就是氮气的份额了。我们可以以此来说，空气里面含有的氮气是氧气的 4 倍——5 升空气里面应该含1 升的氧气和 4 升的氮气。"

"好了，今天就讲这么多吧！明天我会做另外一个实验，需要两只活麻雀哦！明天早晨我们就去捉，赶紧去准备捕鸟的工具吧！"

第九章 两只麻雀

孩子们把抓到的两只麻雀关在一个笼子里，拿给叔叔看，很想看看他到底要用它们做什么实验。这样的功课就好像做游戏一样，太有趣了。保罗叔叔一直秉承着要想学习进步必须要对学习的东西有兴趣才可以，所以看到两个孩子高兴，他也很高兴地说：

"昨天我们已经做了实验，得出了一个结论，那就是玻璃罩里余下的气体都是不助燃的氮气。它看起来和空气一样，可是性质却截然不同了。通过昨天的实验，我们证实了这种气体通常情况下是不支持燃烧的。我们把玻璃罩里面剩余的磷拿到空气中，点燃后依然可以燃烧，由此推断玻璃罩里面的氧气已经消耗殆尽了。磷可以在空气里燃烧殆尽，是因为空气里的氧气是源源不断的。"

"白磷是极易燃的物质，我们都知道。若是白磷都无法在氮气燃烧，其他的物质就更别提了。"

喻儿说："当然会这样，你想啊，易燃的物质都无法燃烧了，不易燃的就

更无法燃烧了。那如果是把燃烧着的火焰放入里面呢？就是氮气里面，火焰会熄灭吗？"

"会熄灭啊，这是肯定的！不管什么燃烧的物质，只要一置身于氮气里面，顷刻间就会熄灭。"

"那和蜡烛的熄灭一样吗？"

"大体上类似，不过也有一点不同。因为蜡烛无法将空气里面的氧气全部消耗掉，那么蜡烛熄灭之后，瓶子里面余下的气体还不是纯氮气，还包含一点点氧气，只是这一丁点的氧气无法支持蜡烛继续燃烧了而已。爱弥儿已经做了实验，证实了这一点。磷比蜡烛更易燃，它在这种气体里面还可以继续燃烧一会儿。"

"相比较蜡烛来说，磷'吃掉'氧气的胃口比较大，蜡烛没有吃完的剩饭被磷全部吃掉了，是这个意思吗？"喻儿很形象地说。

"说得很好。里面的气体只要还包含着氧气，磷就会全部吃光它，如果一点儿氧气都不剩下的话，磷也就消停了。"

爱弥儿说："解释得非常清晰，不过我觉得还是要让实验来说话。"

"我本来打算要做这个实验的，我们需要先把罩子里面的气体转移到广口瓶里面，一部分就可以，这样更方便做实验。如何转移气体我已经说过了，你们来试一试吧！盛放玻璃罩的水盆还是有些小，我们这次用那个装满水的大木桶吧！"叔叔说着就把扣在水盆里的玻璃罩和水盆一起，放到了木桶里面。水刚刚盖住玻璃罩的口，它就抽出了水盆。喻儿拿着装满水的广口瓶倒扣在水里，瓶口刚好在水面下方。这时候叔叔慢慢倾斜了一下玻璃罩，里面的气体就都跑到广口瓶里面了。之后再拿水盆将玻璃罩按照原样转移回去，最后他捂着广口瓶的口，把瓶子正了过来，放在了桌上。为了避免外面空气跑进去，挪开手之前用玻璃把瓶口盖了起来。

叔叔说："现在这个广口瓶里面都是氮气，我们来试一试吧，硫磺、磷、蜡烛，先试哪个呢？"

爱弥儿说："要不我们先试一试蜡烛吧，它最不容易燃烧！"

于是他拿了一支燃烧着的蜡烛，插在弯曲的铁丝上，慢慢伸到瓶子里，蜡烛的火焰刚刚碰到广口瓶的口，就一下子熄灭了，即使是用水扑灭也就是这个速度。

爱弥儿说："哎呀，快瞧，比上一次做实验的时候还要熄得快！前一次蜡烛熄灭的时候还'犹豫'了一下，是伸到瓶子里面火焰才灭的，不过还有一个小小的火星。今天这个实验，蜡烛刚刚伸到瓶口，就都灭了，一点火星都没有啊！接下来我们再试一试磷吧！"

"看吧，磷肯定也不会燃烧的！"

之前使用过的瓦块这里依旧用着，上面放着磷。把一根铁丝做成一个套子，套住瓦片。点燃磷之后，马上放进广口瓶里面，就看到燃烧的磷顷刻间就熄灭了。

爱弥儿认为硫磺更加容易燃烧，所以对它抱了很大的希望，实验证明，它并没能继续燃烧，而是和蜡烛、磷一样，熄灭得非常快。

叔叔说："无论怎么试，结果都是相同的。根据目前的实验结果，在氮气中，没有物质能继续燃烧，这也就验证了氮气是不能助燃的。"

"我们再来看看那两只小麻雀吧！我们现在还没办法搞清楚它们对我们学习化学有什么帮助，不过等着瞧吧，马上就可以看到有意思的事情发生了。首先我们取来一瓶新的氮气，因为我们不能保证做过硫、磷、蜡烛的实验之后，原先的那瓶氮气还纯不纯。所以我们需要把广口瓶里的气体清空，重新从罩子里面转移一些氮气来。如何做你们会吗？"

"清空原来的气体，把它倒过来不就可以了吗？"爱弥儿快嘴说道。

"瓶子里的气体和空气一样重，所以倒过来并不能把里面的气体倒出来。"叔叔说。

"对啊，我怎么没想到。我们使劲吹气，把里面的气体赶出来行吗？"

"这么做也行，可是如何验证里面的气体全部出来呢？因为我们并不能看到它啊！你吹气，只是把里面的气体换成了你吹出去的气体，那怎么把你

吹的气体赶出去呢？如果还是靠吹气的话，估计我们永远也没办法赶走瓶子里的气体。"

"有些事情越细想越难，喻儿还没有说话，是不是也没有想出办法啊！"

"我的确不知道应该怎么做，想不出来啊！"喻儿说。

"好了，先别费脑筋了，看我怎么做吧！"

叔叔说完拿起瓶子就放进了水桶里，瓶子里一下子装满了水。

"看清楚了吗？现在瓶子里还有气体吗？"

"哦，对啊，现在里面没有了气体，变成了水。"

"水没有关系，刚才我们第一次转移气体的时候，瓶子里也是水啊！"

"哦！我明白了，现在看来很简单，就和你昨天说的一样，自己想很难啊！"

叔叔说："对了，还有一件事情有必要告诉你们，之前有很多飞行家旅行家们会把他们到过的地方的空气采集样本带回来做实验，验证一下不同的地方空气的成分一样不一样。至于他们是怎么采集到空气样本的，不管是山顶上的，还是高空中的，如何鉴定是否采集到了呢？对，他们用的就是我刚才用的方法。提前在瓶子里装满水，到了采集的地方，把瓶子里的水倒掉就可以了。然后那个地方的空气就会进去，盖上盖子就可以轻易把看不见的东西带回来了。"

"我们接下来的实验就要用到麻雀了，还和之前的方法一样，我先取一瓶氮气，然后用一样的容器取一瓶空气。用玻璃分别盖住两个瓶子，里面都是无色透明的，看起来没什么区别。接着我就要把两只小麻雀分别放到两个瓶子里了。爱弥儿，我问问你，你要是其中一只小麻雀的话，愿意住在哪个瓶子里呢？"

爱弥儿说："如果是在一个星期前问我，我会回答哪个都可以，毕竟看起来没什么不一样。现在我倒有些害怕这种看不到的物质了。可以使火熄灭的氮气，我觉得不太可靠。相比较而言，我更了解空气一些。因此我要是小麻雀的话，应该会选择装空气的哪个瓶子。"

"你的选择是对的，不久就可以知道为什么了。"叔叔说完就把小麻雀从笼子里抓了出来，一个瓶子里面放了一只，放完之后依旧把盖子盖上。孩子们目不转睛地盯着两个瓶子，看看有什么事情发生。在装空气的瓶子里，那只小麻雀跳来跳去地用嘴巴啄瓶子，想要找到一条飞出去的路，不过没有成功。小麻雀的身体状况看起来和在外面没什么两样，只是有些焦急恐惧，想要重获自由。另一只在氮气瓶子里的麻雀情况就不太好了，好像晕过去了，嘴巴张着，艰难地呼吸着，身体在抽动，好像要窒息了一样，一阵剧烈的抽搐之后，慢慢地一动也不动了。很明显它死去了，而在空气瓶子里的麻雀还精神抖擞地扑腾着呢！

保罗叔叔说："这个实验其实一点都不有趣，你们心里还会感到难过，的确这只小麻雀为了我们的实验付出了生命，这和你们善良的内心是相悖的。不过我选择小麻雀来做实验，也是因为它不仅吃虫子，也吃我们的麦子和禾苗，你们就不要为了它的死去而难过了。"

打开两个瓶子之后，那只在空气瓶子里的小麻雀还非常机灵，另外一只却两脚朝天地仰卧在桌子上。爱弥儿和喻儿两个人还不时看一看它，希望它还可以活过来，不明白它为什么就死去了。

叔叔知道他们在想什么，就说："别在那张望了，它不会醒过来了，已经死去了。"

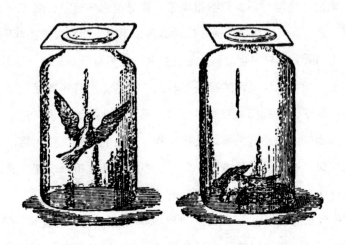

"氮气是有毒的吗？"喻儿问。

"哦，氮气完全没有毒，你想空气的五分之四都是氮气，要是有毒的话，我们每天都呼吸着它，不是也会中毒吗？我们并没有中毒，那就说明小麻雀是因为其他的原因死去的。"

"到底是什么原因呢？"

"蜡烛可以在空气中燃烧，却不可以在氮气中燃烧。我们如果就此得出氮气可以灭火这样的结论的话，是不严谨的。你想空气里也存在大量的氮气，氮气可以灭火的话，蜡烛在空气里也就不会燃烧了。那就说明蜡烛之所以熄灭了，不是因为剩下的氮气，而是因为氧气的缺失。

"人落水后会被淹死，难道说水是有毒的吗？不是，我们从不会这样认为。人之所以会死，是因为空气的缺失，和水本身没有什么关系。一样的道理，麻雀其实是"淹死"在了氮气中。说那个瓶子里没有空气是不合理的，氮气本来也是空气的重要组成部分。麻雀的死是因为缺少了供给呼吸的那一部分。这种东西赋予蜡烛燃烧的动力，赋予动物存活下去的源泉。

"构成空气的除了氮气，还有氧气。那我们就知道无论是蜡烛的熄灭还是麻雀的死去，都是因为氧气的缺失。蜡烛不能在无氧的环境里燃烧，动物也不能在无氧的环境里存活。两者很类似，要想彻底搞清楚，我们还需要了解一下氧气——它一直伴随着氮气——然后就可以明白生命和火焰的共同之处了。"

孩子们听到叔叔说生命和火焰有关联，互相看了看你我，疑惑了。

叔叔又说："我所说的都是有科学依据的，没有违背我们所见所闻的。我们虽然不能说燃烧的蜡烛就有了生命，不过从化学上来说，它发生的变化和有生命的东西的活动是有相同之处的。蜡烛需要氧气来维持燃烧，动物需要氧气来维持生命。在纯氮的环境里，之所以不能继续支持燃烧和生命，是因为氧气的缺失，这才是麻雀死去的真正原因。"

"换成别的动物也会这样死去吗？就像麻雀一样？"爱弥儿问。

"一切身处氮气中的动物都会死去，唯一的差别在于走向死亡的脚步有快有慢。不管什么动物，庞大的还是渺小的，都离不开氧气，氮气也替代不了氧气。要不是这个实验会使动物失去生命的后果，我们可以试一试这里所有的小动物，小鸟、老鼠、蚂蚱、蜗牛都可以。那样的话就可以观察一下它们需要氧气的程度高低不同，在氮气里面死亡的速度快慢也不同。有的会像麻雀一样立刻晕倒，有的可以存活几个小时或者几天，不过最后总是难逃一死罢了。缺少了氧气生物都不能存活，这已经是定论了，只不过它们的"抵抗力"有些不同而已。鸟类的呼吸最短促，对氧气的需求也就最高；猫、狗、兔子之类的哺乳动物次之；青蛙、蛇、蜥蜴之类可以维持几个小时；而那些小昆虫和渺小的生物能维持好几天的时间。"

"我们可以再做个实验来验证一下这个事实，早上我看到老鼠夹上夹住了一只老鼠。我们大可以拿来做实验，要不它也会被猫咪消灭掉。爱弥儿，这个任务交给你了。"

爱弥儿把那个老鼠夹拿了过来，叔叔换了一瓶氮气，把那只老鼠放了进去。起初那只老鼠只是在里面四处乱窜，想要突破牢笼，没什么特殊的不适感；后来就站不住了，躺在那里好像睡着了一样；最后猛烈抽搐了几下，就不动了。这个过程只有几分钟，不过相对来说还是要比麻雀实验的时间长一点点。

叔叔说："去把它送给猫咪吧！以后我们不拿动物做实验了。把今天学习的总结一下——氮气是一种无色无味透明的气体，约占大气的五分之四。任何物质都无法在氮气中燃烧，任何动物都不能仅在氮气的环境中存活。动物的死亡和氮气没有什么关系。氮气没有毒，对动物也是无害的，它们之所以会死，是因为缺少了活着的必需品——氧气。"

保罗叔叔的桌子上有一个铁皮盒子，里面放着个小瓶子，保存着磷，盒子旁边有一个盆子，里面装满了生石灰，上面盖着那个玻璃罩，要开始新的实验了。

"叔叔，你要用这些东西做什么实验啊？"两个孩子问道。

"对于我们呼吸的空气，你们的了解还不全面。我们只讲了里面的氮，没有讲另外一种重要的元素——氧。在燃磷的实验里，你们得出了空气中的氧气约占五分之一的份额。我说过物质燃烧需要氧，动物生存也需要氧。不过并没有事实证明这一点，那么氧气到底是什么样的气体呢？性质又如何？这个问题很重要，我会尽力告诉你们。"

"五升空气里，氮气约占四升，氧气约占一升。要想获得纯氧和氮，空气就是源泉。空气中的氧气和氮气不是化合在一起，而是混合在一起的。我可以给你们证明这一点，既然氮气和氧气是混合，那么分离两者就应该很简单了，不过它们都是无色气体，不好掌控，所以分离也不太容易做。前几天，我们曾经把硫磺和铁屑混合在一起，爱弥儿觉得只要时间充裕，是可以分开的。他的话不无道理，只要我们有灵敏的手指、锐利的眼睛，这点困难不算什么事情。不过空气就不一样了，它虽然也是混合物，可是因为没办法看到它们，或者就算看得到，它们的性质很微妙，减少一些困难也很难，我们应该如何做呢？"

"哦，当时分离硫磺和铁屑的时候，我们用到的是磁铁。那么有没有一种很简便的方法来分开这两种气体呢？"喻儿思索着说。

爱弥儿也附和道："我们肯定能想出来一种东西，像磁铁可以吸住铁屑无法吸引硫磺那样，把空气里面的某一种气体吸引出来，而把另一种气体留在那里。"

叔叔说："不错啊，脑子转得很快。这个方法也正是我想的，其实爱弥儿想要得到的东西，前天你们还见到过呢？"

"哦，那是磷？"孩子们问道。

"没错，正是它。磷在玻璃罩里面燃烧，就把所有的氧气吸收了，把氮气留了下来。"

"对哦，就是啊！"

"这和磁铁将铁屑和硫磺分拣开不是一样的吗？"

"基本相似。"

"磁铁吸住了铁，吸不住硫磺，那么硫磺就留在了纸上。一样的道理，燃烧的磷可以消耗空气中的氧气，不消耗氮气，那么氮气就留了下来。"

喻儿说："我想到了，我们用磁铁吸铁的时候，每吸一次，就把吸到的铁屑重新放在另外的纸上，那么我们是不是可以用磷吸氧气，然后再把吸到的氧从磷里面分出来呢？"

叔叔夸奖他说："主意不错，可惜的是实际上没有办法做到这一点。和磁铁可以轻易把吸到的铁屑刷下来不同，磷一旦吸住了氧，就没有那么容易重新分开。它的饭量太大了，吃进去的氧，是很难吐出来的，除非用强制的手段。这种手段我们小小的实验室里是没办法操作的。"

"既然这个方法不可行，我们再想别的方法。那有这么一种药品吗？一种可以吸引氮排斥氧的药品，和磷的性质相反。如果有的话，就好办了。"喻儿有些快快不乐地说。

"想得不错，不过……"

"难道这也行不通吗？"

"是啊，问题还很严重。氮这种元素很孤僻，一般和其他元素是不会发生化合的。它讨厌化合，如果不强迫它，是没有办法让它和别的东西化合的。也因为这个，我们希望用别的东西来吸引它是很难做到的，这条路行不通！"

"我们就被难住了吗？不会，我们继续沿着第一条路思考一下。燃烧的磷和氧气发生了化合反应，生成的新物质很难分离出氧。那我们想一想，还有很多物质可以和氧气发生化合反应，而且有一些很容易就会将氧释放。今天我们还是先研究一下氧是如何藏在燃烧后的物质里的，这个研究还得用磷。

"那天做实验的时候，玻璃罩子里面冒出来的白色烟雾，你们还记得吗？它是怎么消失在水里的还记得吗？我如果不解释的话，你们可能会觉得是火将一切消灭了。我说那白烟并没有被消灭，当时是没有事实支撑的。我今天要做的实验就可以证明火对物质只起到改变其存在形式的作用，不能消灭物质。磷就是一个典型的例子，既可以印证物质不灭的原理，又可以为我们展示积存的氧。

"磷燃烧之后产生的白色烟雾遇到水很容易溶解，上次的实验已经证实了这一点。这么看来，要想把那白烟收集起来以便日后研究，实验就需要在一个没有水的环境中进行。可是我们的天上有雨水，地上有露水，空气里也会有水蒸气存在，那么磷燃烧之后产生的白烟，就不免会有些许被水蒸气所溶解。所以，我们需要创造一个完全干燥的环境。

"生石灰可以帮助我们完成这个愿望，刚从石灰窑里取出的石灰还未经潮解，就是生石灰。生石灰在空气里面呆的时间长了就会起些变化，这个你们应该是知道的。"

"我知道，会慢慢变成粉末，把水洒在上面变成粉末的速度会更快一些。"喻儿说。

"说得好，生石灰洒上水会慢慢裂开变成粉末，在空气里放置久了，变化是一样的，只是慢一些。原因就在于生石灰把空气中的水蒸气吸附了，慢慢地，就会发生和遇到水一样的变化。我们可以确定石灰具有吸附湿气的特性，这样我们就可以用它来局部干燥空气了。"

"我刚才已经准备了一大盘子生石灰，放在了盆子的中间。上面扣着玻璃罩，提前干燥一下里面的空气。如此这般，就可以保证一会儿生成的白烟无处可逃。好了，我们开始吧！"

叔叔依旧在水底操作，切下一小块磷，用吸水纸慢慢吸干外面的水分，抬起玻璃罩，取出盆子里的石灰，在瓦片上把磷点着并放进盆里，然后再快速放到玻璃罩里面。燃烧的磷发光，释放出白色烟雾，和之前的变化基本一样。变化很快就显现了出来，那白色烟雾像雪花一样凝结成了白色的小碎片，没过一会，落在盆子里一层。

叔叔说："爱弥儿，你说说吧！你觉得这些白色的小碎片是什么？"

"我已经没办法思考了，火居然还可以降雪，谁能想到啊！我可以肯定它一定不是雪，只是有些像雪罢了。应该是磷燃烧之后生成的产物。"

"没错，这东西虽然看起来像雪花，不过并不是雪。我们可以再等一等，多收集一些。哦，让那火还得继续烧一烧，要灭了。"说着叔叔把玻璃罩轻轻拿起了一些，火苗又旺了。

"磷不能燃烧是因为空气少了，我把玻璃罩上提一些，就是为了让空气进去一些，保证火苗可以继续燃烧。来，我们再来一次吧，多造一些雪。"

如此这般进行了三四次，只见盆中雪花状的物质越来越厚了，叔叔就用铁钳把放着磷的瓦片夹了出来，放到了院子里，让它自己放白烟去，要不白烟散在房间里，对人们的肺和鼻子不好。

"我们现在就来看看这白色的雪花状的东西是什么吧！我们知道磷燃烧之

后，生成了它，磷并没有消失，只是改变了模样。如果不是亲眼看到它的生成，你肯定不会知道这到底是什么物质。我强调一下，火不能消灭任何物质，只能破坏物质原有的存在形式，原本的物质依旧存在，只不过改变了模样。或许变成了无色透明的气体，或许变成了看得见的某种东西。我们眼前的东西正是被火"破坏"了的磷，它可以看见，可以摸到，也可以闻到。虽经过火的摧残，磷依然存在于这个世界，并没有被消灭。通过这个实验，我们知道了物质是不会被消灭的，火不能消灭任何物质。"

"化学实验室中有一种天平，把苍蝇翅膀放在上面，都可以精准地测量。如果我们有一台那样的天平，就可以称一称刚切下来的磷，然后称一称燃烧后生成的物质。要想做这个实验，之前就需要往玻璃罩里不断输空气进去，以保证里面的磷全部燃烧光，再拿羽毛把生成的雪状物刷下来，拿天平称一称重量。可以设想一下，哪一种会重一些呢？"

"有些人认为火会消灭一切，他们一定认为已经燃烧的物质比未经燃烧的物质要轻。就算火不能把磷全消灭掉，但是一点点总是有的。我想你们听过了我的讲解，也看过了实验的结果，应该不会这样想了吧！"

喻儿很坚定地说："我肯定不会，我认为已经燃烧的磷会重于未经燃烧的磷。"

"哦？说说你的依据吧！"

"这一点很容易，物质燃烧的时候会和空气里面的氧气发生化合反应，我们虽然看不见氧气，可是它作为物质，虽然很轻，本身还是有重量的。那么燃烧之后的磷，生成的新物质里面一定会包含着氧，也就比磷自己重了啊。"喻儿说。

"说得非常棒！磷本身没有改变，只是因为燃烧的时候加入的氧，所以生成的物质会更重一些。我们如果有那样的天平，可以很明显地看出来。这些雪花状的物质会重于原先的磷。再想一想，除了里面加入了氧，还有别的原因吗？本来看不见摸不着的气体已经变成了看得见摸得着的固体，压缩到了很小的空间里。

"任何物质燃烧之后都会发生化合，都会把氧聚集压缩起来。如果计算一下燃烧后生成的所有物质，一定是大于没有燃烧前的物质的。超出的部分就是氧。

燃烧之后生成的物质，绝大多数情况下都会把氧牢牢抓住，你想要重新把氧抢出来，不强迫是很难的，不过也有例外，有一些物质抓不住氧，很容易就可以分离开它们。我们可以从这些物质里面把纯氧取出来，我们先把这个实验完成了再说。"

"那些雪花状粉末虽然是由易燃的磷生成的，但是却不能燃烧。就是熊熊火焰也无法办到。这是因为只要是燃烧生成的物质都是不能燃烧的。磷已经和氧发生了一次化合，就不可能再化合第二次。这样的话也就失去了可燃性。靠实验说话，是最可靠的。"

把这些白色粉末撒到燃烧的火上面，无论你再怎么费力也无法使它燃烧起来。这就可以看出这些白色粉末已经失去了可燃性。

叔叔说："你们如果不了解有关单质和化合物的知识，就不会理解这个实验。本来易燃的物质突然变成了不可燃的物质，是很奇怪的事情。再说那些白色粉末，也没有了磷特有的刺鼻大蒜味。我要告诫你们，千万不要用手直接接触这些粉末，也不要想品尝它，否则你会痛苦万分。"

"这么厉害啊？"爱弥儿说。

"没错，很厉害，那种感觉比一滴融化的铅滴在舌头上还要疼。"

"可是看起来没有什么啊？"

"不要被外表迷惑了，单纯的外表下可能掩盖着邪恶的本质，告诫就是让你们提前预防着。想在化学家的厨房里找到美味的东西，是很难的。你们要是实在想尝试一下的话，我可以先把这些粉末溶于水，这样可以减轻一些不适感。"

保罗叔叔说完，就动手拿起一根羽毛，把一些雪花状的物质刷到了一杯清水里面。那些粉末落水的瞬间，发出了犹如把烙铁伸到凉水里的声音，嗤嗤直响。

爱弥儿说："这些粉末是热的吧，否则怎么会发出这种声音呢？"

"哦，那可不是热的原因，它和周围的东西一样，一点都不热。磷燃烧之后产生的东西很喜欢水，我之所以用生石灰吸去空气中的湿气也是因为这个。我们现在主动让它投靠水，不是正合它意吗？它是高兴地叫呢！

"来看看吧，已经全部溶解了。这杯水看起来没有什么变化，你们可以用手指蘸一点放到嘴里试试。没关系，大胆去试吧！"

两个孩子有些犹豫，总是想起熔化了的铅。这时候保罗叔叔先做了表率，放到舌头上尝了一点儿。爱弥儿和喻儿的胆子也就大了一些。

不尝不知道，一尝吓一跳。孩子们大叫了起来："啊，真酸，好像比醋还酸。不加水的话，还不更酸吗？"

"这回体会到不适了吧，接触到它的部位就好像烙铁和唾液碰撞在一起的感觉，被腐蚀了，嗤嗤发声。"

"这种酸不是醋吗？"

"完全不一样，只是味道有些类似罢了。这雪花状的物质还有一种性质我们可以实验一下。瞧这是什么？紫罗兰，我从院子里采来的，把它放到这杯加了粉末的水里面，它马上就会变色，由蓝转红。像这样蓝色的花在酸液里都会变成红色。有空你们可以自己采些花来试试。"

"补充一下，像硫、碳、氮、磷等大部分非金属单质，和氧气燃烧发生化合反应的时候，都会生成一种酸性化合物，可以让蓝花变成红色。这一类化合物统称为"酐"，就是干燥的酸的意思。酐的水溶液叫"酸"。例如磷燃烧之后生成的白色粉末叫磷酐，磷酐的水溶液叫磷酸。"

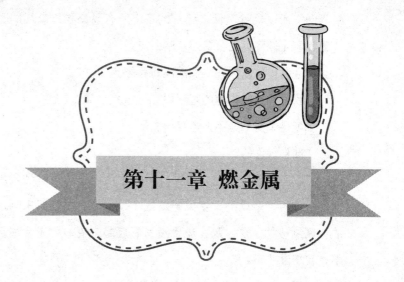

第十一章 燃金属

　　孩子们把院子里的花儿都试了个遍，凡是蓝色的都变成了红色，而黄色、白色、红色的花没有任何改变。

　　保罗叔叔让孩子们带着磷酸做其他全新的实验。这个实验需要用到的是一个风炉、一个电池壳子、一个铁勺子，还有一种灰色的金属，装在一个手指大小的瓶子里。孩子们猜了半天也没有猜出来那是什么东西，叔叔一直没说话，其实是在等待时机。

　　"上一次我们在如何获取纯氧这个问题上遇到了难题，我们今天再来说说。像磷一样的非金属们燃烧之后生成的酸性氧化物里面有从空气里面吃掉的氧，这一步已经了解了，即将要进行的实验，会产生更奇妙的景象。实验成功了就可以掌握制造纯氧的方法了。好，我们再说说燃烧的各种物质。

　　"磷燃烧起来有熊熊火焰，耀眼的光亮，还会生成美丽如雪花般的磷酐，很有可观性，你们兴趣盎然。日常生活中我们总是会看到磷的燃烧，有红头火

柴为例，所以也就没什么稀奇的了。所有易燃物质燃烧的时候大抵都会如此。今天我会让你们见证金属燃烧的时刻。"

"金属！"爱弥儿吃惊的嘴巴都张大了。

"我说你们会吃惊的吧！没错，就是金属。"

"可是金属不是不能燃烧吗？"

"谁告诉你的？"

"没有人说，我也知道啊。实际生活中没有见过金属燃烧，所以我这么觉得的。你想，金属的火钳火铲烧红了，也没有燃烧起来啊。还有冬天用来取暖的金属制成的火炉，那么热也没有燃烧起来啊。如果金属真的可以燃烧的话，不是就烧没了吗？"

"看来爱弥儿不太相信我说的啊！"

"怎么信呢？既然你说金属可以燃烧，那水是不是也可以呢？"

"说对了，水确实可以燃烧。"

"水也能燃烧？"

"对啊，水里面有最好的燃料，有朝一日我会让你们见识一下的。"

爱弥儿打算先看看燃烧起来的金属，不吱声了。

叔叔又说："火钳火铲火炉之类的铁制品，不能燃烧是因为温度不够高，如果达到了足够高的温度，也是可以燃烧的。你们早就见过了，只是没有留意罢了。想一想，我们经过铁匠铺的时候，总可以看到熔炉里面的铁条刚刚拿出来的时候，接触的空气就会火星四射，人们都以为只是烟火，照亮了整个铁匠铺。其实那只是铁条上面的一些燃烧了的铁飞溅了开来。爱弥儿，你现在想想，觉得我说的话对吗？"

"哦，很多看起来不可能的事情，在化学里面皆有可能。"

"你们知道吗？烟花之所以有各种各样的颜色，全是因为里面添加了各种各样的金属粉末。绿色的火星是铜发出的，白色的火星是铁发出的。金属粉末遇火就会变成火星，这也是五彩斑斓的烟花的奥秘。我以后会带你们去看看钢铁厂，那里就可以看到燃烧的铁，下面说的这个例子更加明显。

"拿铁块或者小刀，使劲敲击石头就会冒出火星子，这些火星就是碰撞出的铁屑摩擦生热继而燃烧的产物。还有石匠敲打石头的时候，马蹄踢在石头上的时候都会如此。虽然听起来铁可以燃烧这件事情有些奇怪，其实生活中很常见。"

"我们继续说一说锌这种金属，这个从已经使用过的干电池上取下来的外壳就是用锌做成的。外表看起来是灰黑色，用小刀划一下的话，就可以看到里面是银白色的金属。只需要一些燃烧的炭就可以让锌燃烧起来，很容易。和磷、木炭、硫磺等常见的可燃物质一样，金属在燃烧方面的能力也有差别，有的容易有的难。像磷遇火就着，硫磺要次一些，木炭更加难一些。金属里面铁需要的温度很高，锌呢？只需要木炭的火焰就可以引燃。我们之后就会遇到一种金属，它的燃点比锌还要低。

"好，我们先来做燃烧锌的实验，我先取一些锌的碎片，放在铁勺子里面，再把铁勺子放到燃烧着的炭火上面。实验很快就会为你们解决疑问。"

如同叔叔说的那样，锌很快就熔化了，像铅一样。铁勺子慢慢也烧红了，保罗叔叔把炭火移到一边，然后拿一根粗粗的铁丝不断搅拌着，让它不断接触空气，就看到熔化的锌发出了蓝色的火焰，搅拌得快就亮，搅拌得慢就暗。孩子们看到锌发出的火焰，吃惊极了，火焰里面还飞出了像鹅毛一样的东西，飘到了空中上下飞舞着，简直太奇妙了。那东西给人的感觉就好像秋天早上田野里面飞舞的白色绒毛。铁勺子里面熔化了的锌上面也有一层更细的绒毛，随着气流波动，不断飞舞到空中。

保罗叔叔说："这些白色的东西就是燃烧了的锌，锌和空气中的氧气发生了化合反应产生的物质，就像雪花状的物质和磷的关系，白色绒毛和锌也是这种关系，我们继续等待一会儿，多收集一些来实验一下，看看它的性质有哪些。"

喻儿代替叔叔不断搅拌着铁勺子里面的锌，爱弥儿则在白色绒毛后面不断追逐着，用嘴轻轻吹着气。就这样满屋子都飘满了白色绒毛，飘啊，飘啊，仿

佛永远不会降落一样。没一会儿时间，锌都变成了白色绒毛，铁勺子里面的东西越来越少。待到铁勺子冷了之后，叔叔把里面的残余物质倒了出来，说道：

"你们已经看到了，燃烧之后的锌是一种白色的物质，没有气味，就是放到舌头上也感觉不出什么特殊的味道。"

爱弥儿有些犹豫地舔了一点尝尝，因为磷酸给他留下的印象太深刻了。"真的没什么味道，就和沙子锯末一样。"他说道。

"确实如此，我们从磷里面取得的东西那么酸，从锌里面取得的东西却一点味道也没有，这是什么原因呢？"喻儿也说。

叔叔说："那我们就来研究一下吧！看看它为什么没有味道呢！把这些白色物质倒进水里，搅拌一下，你们看，它没有溶解。而之前的磷酐遇水就溶解了，还会发出嗤嗤的响声。"

"总结一下我们就知道了，燃磷产生的物质易溶于水，有刺激味道；燃锌产生的物质不溶于水，没有味道。盐和糖也易溶于水，盐有咸味，糖有甜味。石头瓦块不溶于水，也都没有什么味道。这样看来，你们能得出什么结论呢？"

喻儿说："哦，我知道了，有味道的物质一定可以溶解于水。"

"没错，不管是酸甜苦咸，味道浓还是淡，只要是有味道的东西，都可以溶解于水。而那些不能溶于水的物质，都没有味道。除了本来是液体的东西，要想在舌头上留下味道，这种东西就要溶解于唾液里。物质溶解之后，会变成很小的微粒子，接触到味蕾，就会尝出味道。唾液的构成主要是水，不溶于水的物质也就不能溶于唾液，当然也就没有味道了。以后如果你们遇到一种不溶于水的物质，就没有必要再尝一尝味道了。它一定不会有味道的。如果可以溶于水，就一定能尝出是否有味道。阿拉伯有一种树胶，它的味道就很淡，几乎都感觉不出来。

"我再重复一遍啊！燃烧的锌生成的白色物质，没有味道是因为它不溶于水。燃烧的磷生成的白色物质，有刺激味道是因为它溶于水。"

爱弥儿说："味道太刺激了，我的舌头现在还疼呢？燃烧后的锌不溶于水，我们没办法尝到味道，那它本身的味道是什么样子的呢？和燃烧过的磷类似吗？叔叔你说说。"

"对于这个，没有人知道。没有人尝过，怎么能说出味道呢？或许我们可以这样来想，它是一种化学药品，所以味道极有可能非常差劲，这种可能性有百分之九十九。"

"我再做一个更有趣的实验，也是金属燃烧的实验。实验用的材料就是这个瓶子里的东西。"

"那个灰色的像丝带一样的东西吗？"爱弥儿问道。

"没错。"

"可是看起来那东西应该燃烧不起来啊？"

"不要被外表所迷惑哦，外表是最不可靠的，瞪大了眼睛看着吧！"

保罗叔叔说完，就把瓶子里的东西取了出来，很像钟表里面的发条。窄窄薄薄的一小条，有弹性。用小刀划一下的话，就可以看到里面有金属的光泽，闪闪发亮。孩子们就判定它是一种金属。

"看起来像是铅，要不就是锡。"爱弥儿说。

"我觉得可能是锌或者是铁。"喻儿也说。

叔叔说："不是哦，你们没见过这种金属，或许都没有听说过呢！"

"哦？到底什么金属呢？"爱弥儿问。

"是镁。"

"镁？这个名字很特别啊！我们是没听说过。"

"还有很多名字你们没听过呢，比如说铋、钡、钛等。"

"这些也是金属？"

"对啊，都是金属。你们之所以觉得它们特别，是因为第一次听到。其实要是常听着说铋和钛，或许就会觉得铜和铅特别了。金属共有 70 种，很多金属在日常生活中用到的机会并不多，所以我们才不常听说。"

"刚才点燃锌的是燃烧的炭火，现在我们来看一看怎么让镁燃烧。看到这

支蜡烛了吗？它就可以办到。"

"这金属是哪里买的？我也想买一些玩呢！"爱弥儿说。

"镁这种金属日常生活中不常用，连那些铜匠、铁匠、银匠都不一定知道它。大多数情况下，只有科学研究、摄影、一些化学实验的时候才会用到它。要想买到它，需要去药房或者专门出售化学用品的商店里面。我们刚才见到的这个镁就是从药房里面买的。"

说完保罗叔叔拉上了窗帘，把蜡烛点着了，这样它的光才不会受太阳光的影响。之后他切下来一小段镁，用镊子夹住一头，慢慢靠近燃烧的蜡烛。蜡烛边还有一张纸，用来接金属燃烧后掉下的东西。只看到镁条燃烧的时候发出闪耀的光来，光线很强，整个屋子都照亮了，燃烧的时候没有什么声音，也没有火星迸射出来。很快，镊子上的镁就燃烧完了，落在纸上的东西很像石灰的粉末。

发出的光线太刺眼了，孩子们揉了揉眼睛，兴奋地说："哇，太亮了。"

叔叔拉开窗帘，屋子里恢复了明亮。

"我怎么还是看不到东西啊？这镁燃烧时的火焰难道会刺伤眼睛吗？"爱弥儿边揉眼睛边说。

喻儿也说："我的眼睛就好像盯着太阳看了好久一样，酸死了。"

"一会儿就会好的，眼睛只是有些累了。"叔叔安慰道。

爱弥儿很快就缓了过来，说："刚刚镁燃烧的时候，我正看着蜡烛的火焰，似乎没有平时那么亮了，都要看不到它了。"

"如果在太阳光下看蜡烛的火焰，会怎么样呢？"叔叔说。

"应该会像在镁光下一样，看不太出来了。"

"我们的眼睛看到强光之后，再看弱光，就会有这样的感觉。在太阳光下一块炭火是否在燃烧也很难分辨。同样，一团发光的火焰在黑暗里会更加显眼，在强光下就看不到它的光了。镁光的强度有多大呢？我们眩晕的眼睛和黯淡的蜡烛就可以证明。世上只有太阳的光芒可以和镁相提并论了。

"你们现在应该相信了吧！要让金属燃烧很容易的，铁匠铺里铁迸射出的火星子，铁勺子里面锌的光亮，还有镁发出的强烈白光，就是有力的证据。最后那个实验告诉我们有的金属燃烧后还能发光。我们甚至可以用它来做照明灯，可是花费太多了，不太经济实惠。在摄影上面，我们就可以用镁光灯来做闪光灯。

"我再来说说镁燃烧之后变成了什么，这种落下来的白色物质有些像石灰的粉末。这种东西不溶于水，那么也就无法尝它的味道了。这里面有镁，还有氧——燃烧后的任何物质都有它——那么我们就知道这里面积存了氧，或许采用某种合适的方法，可以把氧拿出来。

"我归纳一下刚才说到的——铁是可以燃烧的，敲打烧红的铁会溅出火星来，这就是铁屑的燃烧。如果把那些溅出的火星冷却之后收集起来，就会发现它其实是一种黑色的、有些脆的物质，手指一压就可以碾碎。这种东西就是铁的氧化物。

"锌也可以燃烧，生成一种白色的物质，会像鹅毛一样在空中飞舞，这种东西就是锌的氧化物，简单地说叫氧化锌。

"镁也可以燃烧，生成的物质也是白色的，像细细的石灰粉末，摸着很光滑。这种东西就是镁的氧化物，简单地说叫氧化镁。

"一般来说，金属都具有可燃性，不过也有例外的。金属在燃烧的时候和空气中的氧气发生化合反应，生成一种没有金属光泽的化合物。这种化合物都叫做'金属氧化物'，它们里面都有氧元素的存在。"

第十二章 盐类

用纸把镁燃烧后生成的白色物质包好，第二天上课的时候，保罗叔叔又拿了出来，打开让孩子们看。

"看看这种物质，外表上看，有些像石灰粉末或者也有些像面粉。原始的石灰是一种形状不规则的石头状物质，加入水，石灰就会吸收了水继而破碎变成白色粉末，和镁燃烧后的样子相同。我之所以说石灰和镁燃烧后的样子很像，也是因为石灰本身就是金属燃烧后的产物。"叔叔说。

"它也是金属燃烧后的产物？我还从没听说过这个说法呢！"爱弥儿不太相信地说道。

叔叔说："如果我们是用金属来烧成石灰的话，花费就太高了。那样的话建筑工人们还会用它做三合土吗？所以石灰的形成不是那样的。"

喻儿说："我知道怎样制造石灰，将石头和焦炭放到石灰窑里面使劲烧，就得到石灰了。"

"说得对，那石头是石灰石，里面除了石灰还有一些杂质，燃烧的时候火可以把那些杂质赶出去。燃烧后剩下的就是纯石灰了。石灰的用处很广泛。烧石灰的人可能不知道它是金属燃烧后的产物，确切地说它是金属元素和氧的化合物。和铁上面迸射出的铁屑，锌里面飞出的绒毛，镁燃烧之后掉落在纸上的粉末一样，石灰也是一种金属氧化物。"

"这种氧化物在形成过程中，没有人为的因素，在地球刚刚形成的时候可能就已存在了。石灰中的金属元素在自然界中没有单质形态存在，因为它总是和其他物质化合在一起，以各种化合物的形态表现出来。也因为这个，虽然包含这种金属的物质随处可见，但是要想从化合物中把它分离出来，却是难上加难。你们可以观察一下，燃烧后的镁和石灰粉末有什么不一样的地方？"

孩子们仔细观察了一会儿，说："没什么不一样的啊，都很像白色的面粉。"

叔叔说："没错，表面上看是没有什么不一样。虽然我们心里清楚它们是不同的物质，但是我们不能否认两者是很相似的。依照科学家们的说法来说，两种粉末分别是两种金属氧化物。"

"石灰里面的金属叫做什么呢？"喻儿问。

"叫钙。"

"那你能把它拿来让我们看一看吗？"

"恐怕无法满足你们的愿望啊，我们的实验室太简陋了，像这种价值昂贵的东西，我们暂且还没有。不是因为钙的稀有，我们的身边到处都有钙元素的存在，高高低低的山里都有钙；而是因为要把钙从它的化合物里面提取出来花费很大，所以才昂贵了起来，我还没有能力去购买它。不过，我可以给你们讲一讲它的形状性质。钙是一种白色，像蜡那样软，延展性好，有银色光泽的物质。"

"啊？钙不是金属吗？怎么能像蜡或者泥土一样捏出形状呢？"爱弥儿惊诧地说。

"孩子，就是这样的，它是一种很特别的金属，很柔软，可以用手塑形，什么形状都可以。"

"要是真如此的话，我们是不是可以用钙捏一个银色小像啊？"

"不过这个小像可能会比真的银像还要贵呢！况且这种物质很厉害，它比你们见过的所有物质都更易燃，所以你们是不能用手做的。如果你们正在捏的时候，着起火来就糟糕了，你们想想会有什么后果呢？"

"那可不太美妙。"

"所以你们就可要牢牢记住——钙遇水即燃。水可以扑灭着火的煤、硫和磷，却不能扑灭钙，不仅不能扑灭，还会火上浇油。这是事实，不要有丝毫的怀疑。过些日子我会做个实验，让你们亲眼见证水不一定可以灭火，当然这也要考虑到你叔叔我的经济能力。"

"哦？为什么和你的经济能力有关呢？"

"要想做这个实验，就需要和钙性质相似，可以在水里燃烧的金属。"

"除了钙，还有别的金属可以在水里燃烧吗？"

"没错，有三四种呢！"

"哇，那你会给我们展示一种吗？"

"现在还不敢说，不过我会尽力的，只要你们高兴。"

"我们当然会高兴啊，因为有像镁的燃烧啊，磷和锌变成雪花鹅毛啊之类的有意思的实验陪伴我们。"

"哈哈，回到爱弥儿想做塑像这件事情上，我们已经知道钙遇到水就会燃烧了，那么可以推知如果手是潮湿的，捏钙是一件多么危险的事情。因此，就是我们买到了钙，也不能拿在手里玩耍，要将它保存在瓶子里。"

"我们回过头再说说钙的氧化物——石灰吧！石灰具有一种浓烈的滋味，放在舌头上会有一种灼烧的感觉。铁、锌、镁的氧化物就不具备这个特点。燃烧之后的磷是酸的，燃烧后的钙是涩的。舌头感觉到的灼烧感不仅仅是涩，还因为石灰有腐蚀性。如果我们用手来拿石灰的话，时间长了手就会变得粗糙起来。

"按照我们之前的推论，既然石灰是有味道的，那就应该可以溶解于水。

事实证明确实可以，只是溶解得很少，水里面有涩涩的味道。我们将石灰和水一起和成糊状的，再放到水里搅拌，就会得到乳白色的液体。静止之后，没有溶解掉的石灰就沉到了水底，上面的水还是基本清澈的。虽然看起来清澈，不过水里面已经有了石灰的味道，有一小部分石灰在水中已经溶解了。这和透明的糖水里面有糖是一样的。"

叔叔说着已经把石灰放到了水里，让孩子们品尝一下石灰水的味道。爱弥儿蘸了一点点尝了尝，很涩，有一些热辣辣的感觉，味道太差劲了，赶紧使劲吐了吐唾沫。

保罗叔叔说："看，这是院子里面的紫罗兰，把它放进燃烧之后的非金属的水溶液里，比如说磷酸就会变成红色，你们已经自己验证过了，那么如果我们把这花放进燃烧之后的金属的水溶液里，会发生什么变化呢？石灰水会告诉我们的。"

叔叔把紫罗兰放到杯子里，又往杯子里倒进了石灰水，然后就看到蓝色的花颜色改变了，变成了绿色。

爱弥儿惊讶地说："呀，快瞧啊！化学简直就是一个大染坊，蓝花加一点磷酸就会变成红色，加一点石灰水就会变成绿色。我以后学会了化学，就可以制造出五颜六色的颜料了。"

"想法很好，化学正可以把一种本来无色的物质，通过和其他元素的化合变成一种有色的物质。同样化学也可以把一种本来有色的物质变成无色或者变成其他颜色。化学工业很重要的功能就包括制造染料。说到这里我就再多说几句话，蓝花因为酸变成了红色，因为石灰水变成了绿色，变得毫无牵绊，非常流畅。你们现在知道了吧！用一些药品可以为画家和染色的人们制造出多种多样的颜料。

"我继续把这朵已经变成绿色的紫罗兰花，放到滴了几滴酸的水里面。不限制是什么酸，都可以。不过因为我们之前得到的磷酸在做蓝花变红的实验的时候，已经用完了。所以我们现在用的叫硫酸，是硫经过了燃烧化合成的产物的水溶液。我们以后会详细讲它。再看看那朵花，好像从来没有浸入石灰水的样子，已经变成了红色。如果把它再放进石灰水里面，会继续变成绿色。这种变化不会停止，遇酸而红，遇石灰水而绿。

"石灰作为钙的氧化物具有这样的性质，铁、锌和镁的氧化物却没有这样的性质。同是金属氧化物，却有不同的性质，原因和它们是否有味道是一样的。石灰可以溶于水，所以我们可以尝出它的味道是涩的，也就能把蓝花变成绿色。铁、锌和镁的氧化物不能溶于水，也就不能改变蓝花的颜色。

"由此可知，可以溶于水的金属氧化物有涩涩的味道，像石灰一样，可以改变蓝花的颜色，变成绿色。事实已经一一验证了这一论断。总结一下我们讲到的：非金属与氧发生化合反应，生成的物质就是非金属氧化物，称为酐。这种氧化物如果溶解于水，就形成了一种有酸味的水溶液，可以让蓝花变成红色。金属与氧发生化合反应，生成的物质就是金属氧化物，这种氧化物如果溶解于水，就形成一种有涩味的水溶液，可以让蓝花变成绿色。

"接下来我说的是，一种酸和一种金属氧化物可以发生化学反应，生成一种新的化合物。其性质和酸毫不相同，和金属氧化物也没有相似处。两种物质经过化学反应生成的化合物的性质和原本的两种物质绝对不相同。磷酸和石灰，一种酸，一种涩。如果让这种酸和金属氧化物发生化学反应的话，会生成什么物质呢？你们肯定想不到吧！这种新物质非常有用，是动物骨骼的主要组成成分。

"假设把一根肉骨头放到火里面烤，燃烧是必然的。是什么在燃烧呢？是骨头上面的油脂和其他的物质。火灭之后就会露出灰白的骨骼，形状没有改变，很脆。火把骨头里面的其他杂质赶跑了，剩下的就是骨头的主要成分，也就是无法燃烧的白色物质。

"燃烧骨头剩下的白色物质与一种东西很类似，那就是磷酸和石灰经过化学反应生成的物质。如果把白色物质研磨品尝，会发现它既不酸也不涩，完全看不出磷酸和石灰的影子。它的水溶液也不能让蓝色的花改变颜色。这样看来，这种物质里面已经没有了酸和金属氧化物的性质，它的名字叫做磷酸钙，也叫磷酸石灰。这是一种三元化合物，包括磷、钙、氧三种元素。

"类似这样一种酸和一种金属氧化物经过化学反应后生成的化合物，还有很多很多，化学上把这类化合物都叫做盐。那么我们就知道了，骨骼燃烧之后形成的白色物质的名字就叫做石灰的磷酸盐。"

"可是盐不是咸的吗？这骨头并不咸啊？为什么是盐呢？"孩子们没有明白，纷纷问道。

"我说的是盐，不是食盐。听清楚了哦！我们平时一说盐就想到做菜的时候调味用的食盐。化学里面'盐'这个字是指不分味道、形状、颜色的，是一类金属氧化物或铵根离子（NH_4^+）与酸或非金属化合生成的化合物。

"无论是味道、形状还是颜色，没有完全一样的盐。有的盐呈现蓝色，可能是铜盐。有的盐呈现绿色，可能是亚铁盐。还有的盐是黄色、红色、紫色的，色彩缤纷。味道上来说，苦的、涩的、酸的都有，一般都不太好吃，很少有像食盐的味道的。也不建议随便品尝，还有一些盐像构成骨骼的磷酸钙一样，不能溶解在水中。比如盖房子的沙子石头，烧石膏等。"

爱弥儿说："哦，我知道了，化学上骨骼里面、盖房子时用的、做工艺时用的盐和我们食用的火腿菜肴里面的盐不是同一种物质。"

"是的，完全不同，我们随处都可以找到化学上的盐，路上的石头子，山上的大石头，地里的泥土里都可以找到。"

"看来盐还是很多的啊！"

"嗯，构成岩石的绝大部分都是盐，这类的盐产量就很多。里面有一种盐名叫碳酸钙，正是构成石头、石灰以及其余矿石的成分。"

"化学上，烧石膏是什么呢？"

"哦，它是硫酸钙，听名字你们可能不会太明白，不过以后我们会讲到的。我接着再来说说化学的语法。"

"啊？化学还有语法？"

"没错，有啊！爱弥儿，不要这么着急，化学的语法学学就会了，很简单的。我们先说酸，非金属燃烧后的产物，遇水溶解后就是一种酸，比如磷燃烧之后遇水溶解就得到了磷酸，由此我们得出——某种非金属形成的酸，只需要在非金属名称的后面缀上'酸'字，就是这种酸的名字了。

"再拿氮来举个例子。氮不容易和氧相化合，这我已经说过了，不过我们只需要用一个很巧妙的方法，这个困难就迎刃而解了，氮和氧就可以化合了。你们说这种酸应该叫什么酸呢？"

"要是按照语法的话，应该叫氮酸才对吧！"爱弥儿说。

"说得没错，需要注意的是，我们平常很少听到氮酸这个说法，而是叫做硝酸。这种酸本是用硝石制成的，硝石是一种天然含氧的化合物。还有一种叫做氯的非金属，你们虽然可能没有听过，但是也不影响给它制成的酸命名。"

"应该叫做氯酸。"

"正确，就叫氯酸。"

"用碳制成的就叫碳酸，用硫制成的就叫硫酸，很简单啊！"

"嗯，你们现在掌握了如何给酸类取名了吧！接下来说一下如何给金属氧化物命名。铁和氧的化合物我们叫它氧化铁，锌和氧的化合物我们叫它氧化锌，铜和氧的化合物我们叫它氧化铜。以此类推的话，某种金属和氧生成的化合物就叫做氧化某。当然也有几种金属的氧化物并没有按照这个规则命名，而因为其通俗的叫法延绵已久也就继续沿用了。最熟悉的例子就是氧化钙——也叫石灰。

"还有一种就是盐类，再来说说它的命名规则。盐是一类金属氧化物或铵根离子（$NH4+$）与酸或非金属经过化学反应生成的产物，就产生了含氧的盐，所以命名的时候也就和这相关。命名为某酸某，酸字前面是非金属的名称，酸字后面是金属的名称，举个例子，碳酸和氧化钙生成的盐叫做碳酸钙。"

"我知道了，和碳酸钙的命名一样，硫酸和氧化钙生成的盐就叫做硫酸钙，对吗？"爱弥儿说。

"非常正确。也有一些例外就是，当某种盐类如果是由一种有俗称的氧化物生成的，它名字里的金属名称就相应替换成该氧化物的俗称。比如说，硫酸或者碳酸与氧化钙——石灰反应生成的盐，既可叫做硫酸钙或者碳酸钙，也可叫做硫酸石灰或者碳酸石灰。到这里，我们也就把化学的语法讲完了。"

"都讲完了吗？"

"我只能说重要的都已经讲解了，都讲完不敢说。"

"学起来还是很容易的。"

"我也是这样说的啊！"

"孩子们，我们之前探讨过如何制造纯氧，不过这几天我们说的似乎都和那个话题没有什么关系。难道我们忘记了吗？不是，现在就是解决这个问题的时候了。"第二天，保罗叔叔开始了他的课程。

"含氧的酸和含氧的金属氧化物共同成就了盐，那么我们是不是可以从这些盐里面制造出纯氧呢？而含氧的盐也如磷酸和氧化锌一样，一般把氧都抓得紧紧的，所以用哪一种盐来做实验，还是要想一想的。化学家们已经验证了，有一种叫做氯酸钾的盐，不仅含有氧元素，而且很容易分解。"

说着叔叔拿出了一个小瓶子，里面装着一种透明的白色物质，就像鳞片一样。

"瞧见了吗？这里面装的就是从药房里买来的氯酸钾。"

"哦，很像做饭用的食盐啊！"爱弥儿说。

"只是看起来有一些像罢了，性质上毫不相同。食盐是咸的，这种物质不咸。食盐里面没有氧，这里面有很多。你们要牢记住，化学里面有一部分酸和盐，都含氧元素。不过还有一类酸和盐是不含氧的，食盐就是不含氧的盐中的一种。很大一部分的盐从外观上来看，都是无色透明的结晶体，这一点和食盐很类似，这也是它们为什么叫做盐的原因。"

"如果按照这个说法的话，氯酸钾里面包含着氧。"

"嗯，它是包含着氧，还不少呢！一把氯酸钾粉末里面，可以制造出的纯氧有几升之多。你们现在试着给我解释一下氯酸钾吧！用化学语言！"

喻儿说："氯酸钾就是由氯酸和氧化钾反应生成的物质。虽然我没见过氯酸，不过可以推知它里面含有一种叫做氯的非金属还有氧。氧化钾嘛，里面一定有叫做钾的金属和氧。所以氯酸钾包含着三种元素——氯、氧、钾。"

"说得很好，你们没有见过氯和钾，我可以告诉你们。单质氯气是一种有毒的气体，调味用的食盐中含有氯元素。钾呢，是一种金属，和钙有些类似，比钙还要软，遇到水燃烧得更快，燃烧后的木头里面就它。今天这堂课我们不做细致讲解，你们要知道的是，不管是多么平常的东西，只要进入到化学的世界里，都会展示出奇妙的一面。

"好，我们还是来看氯酸钾，这种化合物非常容易分解，稍稍加热就会分解出氧气。红头火柴里面包含着一种助燃物质，就是氯酸钾。"叔叔说着就在火上面撒了一把氯酸钾粉末，只见那些粉末冒出气泡来，慢慢熔化了，而火好像扇了风一样，一下子旺了。

爱弥儿新奇地大声说："哇，这是为什么呢？撒上这些氯酸钾，本来不旺的火突然变旺了。就是一刻不停地扇风也不能这样啊！"

"风箱里面扇出来的只是空气，我们知道空气里面氮多氧少，那么助燃效果自然就差一些。氯酸钾遇热分解出氧气，自然助燃效果就好啊！"叔叔说着又往火上面撒了一把氯酸钾。

孩子们盯着观察了一会儿，喻儿突然说道："我之前在院子里玩的时候，发现潮湿的墙上面有一种白色的粉末。我还用鸡毛收集了一些，有人说那就是做火药的硝。我把它撒在火上面，火也是像这样猛烈的燃烧。叔叔你能告诉我，

把硝撒在火上，会释放氧吗？"

"你看到的是硝没错，和我昨天提到的制造硝酸的硝石是同一种物质，化学里我们称它为硝酸钾。单看名字就知道它属于盐类。硝酸钾遇到火之后，分解出氧气，所以火才旺盛了起来。这样我们就知道了，硝石和氯酸钾一样，遇热容易分解出氧气。不过，硝酸钾并不适合制造氧气，你们知道为什么吗？因为分解硝酸钾要比分解氯酸钾难一些。单靠加热并不能使它分解，还需要和燃烧的可燃物质直接接触才可以，比如说木头之类。这样子它才会释放出氧，可是这些氧会很快被燃料里面的碳抢走，和碳化合成其他物质。我们要想得到氧，这个办法是行不通的。氯酸钾就不一样了，有一点点热就可以把氧释放出来。"

"我有个问题要问。"喻儿说。

"但说无妨，我十分愿意解答。聪明的人提出的问题总是很有意思的。"

"撒在火上的氯酸钾冒出很多含氧的气泡，燃烧之后剩下的白色颗粒是什么啊？"

"这是一个很好的、也是很重要的问题。这些无法燃烧的白色颗粒，正是氯酸钾受热分解后的产物。它本来包含氯、氧、钾三种元素，里面的氧已经出来了，剩下的两种就组合在一起，生成了一种叫做氯化钾的全新的物质。"

"说到这里，我就要讲一个新的化学语法。听好了啊，非金属元素和金属元素化合生成的化合物都叫做某化某，前一个某是非金属的名称，后一个某是金属的名称。举个例子，氯和钾的化合物就叫氯化钾，硫和铁的化合物就叫硫化铁。"

"还回到氧的制造。一个毫无经验的实验者也可以轻易从氯酸钾中制造出氧气。只需要把氯酸钾放到一个玻璃容器里面，实在不行，简单的薄厚均匀的药瓶也可以充数。因为玻璃容易受热，越薄越不容易裂。如果是这个底部厚，杯壁薄的杯子，里面交替放了冷水和热水，就很可能破裂掉。如果是一个薄厚均匀的杯子，就不会这样。那么我们现在先找一个薄玻璃瓶，还要薄厚均匀，这是我们实验成功的前提。"

爱弥儿说："可是我还是觉得厚一些的瓶子更结实。"

"如果是摔或者熔化它的话，厚一些的确实结实。可是我们不是要摔它，更不会有熔化玻璃的可能，那点温度连软化它都做不到，更别说熔化了。可是我们的实验对瓶子适应温度变化的要求很高，因此还是要选薄玻璃的更好。"

"要是装着氯酸钾的玻璃瓶在火上炸裂了呢？"

"如果那样，也没什么关系，氯酸钾顶多释放一些氧出来帮助火燃烧而已。"

"之后呢？"

"之后，我们就再换一个瓶子呗！如果找不到合适的，就用只有化学仪器里面有的烧瓶。烧瓶是一种用玻璃制成的无色透明的球形容器，上部有一个手指长短的瓶颈。药店里就有卖的，这个是我从城里买回来的。"

"看起来和养金鱼的瓶子很像啊，一毛钱或者两毛钱就能连鱼一起买回来。"

"要是合适，自然可以用。问题在于将烧瓶里面产生的气体疏导到集气瓶中的导气管，是不能用别的东西替代的。这种弯曲的导气管是玻璃的，价格不便宜，所以虽然有专门卖的地方，我们还是选择自己制造一个。卖仪器的地方出售各种直玻璃管，有三四尺那么长。我们买那种铅笔粗的无色薄玻璃管就可以，把它烧软的话，无色的比绿色的更容易。你们瞧，我已经买来了。

"第一步先把直玻璃管切一段下来，长短都可以。工具可以选择三角锉，先在需要切断的地方划一个印儿，两只手拿着玻璃管放在桌子边沿，轻轻用力压就可以把玻璃管折成两截，而且切口很整齐。第二步就需要改造一下这个玻璃管了，把玻璃管上打算变弯的地方放到火上烤，慢慢变软之后，再慢慢用力弯就可以了。如果玻璃比较容易熔化，普通的炭火就可以办到了。要想更精细地做弯管，估计就得需要酒精灯了。它的外观看起来有些像中国以前的煤油灯，粗粗的灯芯是用棉纱做的，酒精装在一个金属或者玻璃容器里面。点燃之后，两只手抓住玻璃管的两头，将想要弯曲的地方对准酒精灯的火苗，不断转动以保证受热均匀。烧软了之后，轻轻用力，就可以让它变弯曲，然后需要慢慢等着它冷却定型才行。

"把弯曲好的玻璃管连在一个塞子上，塞子上面有一个小孔，紧紧塞在烧瓶上面，这样里面的气体才不会从缝隙里跑掉。这个有孔的塞子怎么做呢？

"可以选一个形状规整的软木塞，木质最好细一些。拿石头或者锤子等坚硬的东西慢慢捶打一下，让它变得更有弹性、更软。找一根铁丝，在火上把磨尖的一头烧红了，扎进木头塞里面穿过去。然后用一种直径不超过玻璃管的名叫鼠尾锉的工具，把小孔慢慢锉大。一直锉到可以把玻璃管穿进去就可以了。再用粗一些的平锉慢慢把木塞的边缘锉到正好放进烧瓶的瓶口为止，用细一些的平锉把周围磨平，以便结合得更紧密。记得处理软木塞的时候一定要用锉刀，多锋利的刀子都不可以代替它。做的软木塞如果不够整齐，就会让气体跑掉。所以软木塞是否紧密关系到实验是否能成功。以后我们实验室里就要准备一把可以锉断玻璃管的细三角锉、一把将木塞上的小孔锉大的圆鼠尾锉、一把修整木塞大小的粗平锉，还有一把磨平木塞边缘的细平锉。"

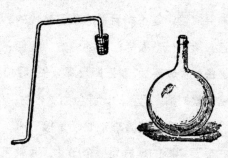

保罗叔叔说着已经开始动手操作了，一一展示了所有工具，并且模拟了一下操作动作。当所有的工具都准备好之后，叔叔接着说道："好了，现在可以做实验了。我再补充一句，原本只需加热就可以把氧从氯酸钾里分解出来，问题是越往后，反应会越慢。为了解决这个问题，使氯酸钾得以充分释放出氧，我们加的热度要达到可以熔化了烧瓶的强度。可是如果为了得到一些氧气，就得牺牲一个烧瓶的话，还是不值得的。有一种黑色的物质可以帮助我们解决这个化学难题，如果把它混合在氯酸钾里面，可以促进氯酸钾的分解。化学上把它叫做催化剂。有了它可以让氯酸钾在很低的温度下充分分解，这样的温度炭火就可以达到，也不会破坏烧瓶。它的作用就好像给机器加了润滑油一样，运转得会更灵活。

　　"这种黑色物质到底是什么呢？应该是一种不能燃烧的物质，或者已经燃烧过和氧发生了化合反应，不会再燃烧的物质。金属氧化物是这个实验最好的选择。这种黑色物质存在于一种矿石里面，名叫二氧化锰。价格不贵，在药店里就可以买到。锰是一种金属元素，和铁有些类似。自然界里单独存在的锰元素不多，和氧化合在一起会形成各种各样的金属化合物，二氧化锰是比较常见的一种。

　　"我先把氯酸钾粉末和二氧化锰粉末混合均匀，然后装到一个烧瓶里，再把我们做好的弯曲玻璃管和木塞组装在一起，将全套的装置放在三脚架上支撑起来，下面用炭火加热。

　　"趁实验还没开始，我们还得做一件事。最后制出来的氧需要在水中收集，我们在水里准备了一个倒扣着的广口瓶，所以弯曲玻璃管的另外一端需要插到这个广口瓶里面。这样的话我们需要让广口瓶始终保持倾斜才可以。实验的时间太长的话，抓着它的手腕就会酸了。因此我们可以想个办法让它长时间悬空起来。把一个下面有孔的小花盆改造成茶杯高低，不要拘泥于边缘的整齐，那个没有关系，只要倒扣在水里的时候，花盆的底部可以让广口瓶直立就可以。把改造后的花盆倒扣着放到水盆里，把广口瓶倒扣在花盆的孔上，然后把玻璃管的另一端从花盆的缺口放进去。如此这般布置一番，烧瓶里面制成的氧气就可以从玻璃管到达花盆里，再从花盆里输送到广口瓶里。

　　"好了，今天就讲到这里，可能有些枯燥。要操作好这些装置真正做的时候要比说起来难很多，明天真正做实验的时候你们就知道了。你们今天的任务是去捉一只麻雀，当然我会保证下次实验不会让它死去的。"

第十四章 氧

保罗叔叔在之前的聊天里好几次说起过氧，不过孩子们还是不太清楚，氧到底是什么样的东西。今天他们可以如愿以偿地见识一下了。保罗叔叔会用实验为他们展示从氯酸钾里释放出氧的全过程。爱弥儿是日有所思夜有所梦，晚上做的都是烧瓶和弯曲的玻璃管在火炉上跳舞的梦，玻璃房子里的氯酸钾跟二氧化锰睁着大大的眼睛，好奇地张望着。他看到叔叔把烧瓶放到炭火上的时候，爱弥儿自己不禁笑了起来。

没一会儿时间，烧瓶里的物质表面上看没什么变化，不过水盆里的玻璃管已经冒出了气泡。经过改造的花盆放在水盆的中间，上面倒扣着一个广口玻璃瓶，里面装满了水。冒出的气体就从花盆底部的小孔进入了广口瓶。里面的气体满了之后，保罗叔叔把另一个杯子放到水中，把广口瓶放到杯子里，以免气体跑出来。完成这一步之后，把广口瓶和杯子一起拿了出来，实验的时候再用。再拿一个广口瓶，同样装满水倒扣在花盆底上收集气体，气体满了之后用同样的方法取出来，如此这般，收集了四瓶气体。

爱弥儿说："哎呀，这些氯酸钾可以释放出那么多的氧气啊！"

"没错，是不少，四瓶加起来有十几升之多。"

"这十几升的氧都是氯酸钾分解出来的吗？"

"没错，都是。此时，烧瓶里还在继续释放氧，再收集一罐也是可以的。"

保罗叔叔说着拿了一个玻璃罐出来，原本是用来装糖果的。他把玻璃罐装满水，倒扣在水里的花盆底上。孩子们看到这一幕，觉得很滑稽，都笑了起来。

叔叔又接着说："这个糖果罐很滑稽吗？难道它可以装糖果就不能装氧吗？不能这样说，我们做实验追求的是简便适用。我们现在这一套装置非常好，就是在设备齐全的实验室里，也不过如此。

"瞧，这里还有一个玻璃筒，我把它拿来也装氧。现在水里的气泡上升得越来越慢了，这就说明里面释放的氧越来越少了。烧瓶里面的混合物质看起来似乎没有多大的改变，二氧化锰还和之前一样多，没有消耗。它的作用就像润滑油一样，催化氯酸钾分解。氯酸钾已经把自身的氧都释放了，又变成了白色的物质，和我们之前在炭火灰烬里看到的一样。这就是说氯酸钾变成了氯化钾。好，我们现在开始用收集到的氧做实验吧，先用玻璃筒里的氧。"

依照之前的方法，保罗叔叔慢慢把玻璃筒从水盆里取了出来，用玻璃盖住了它。然后和做氮的实验一样，拿了一根小蜡烛，插在一根弯曲的铁丝上面。接着把蜡烛点燃，燃烧了一会儿又吹熄了，在蜡烛芯上面还有一点点火星。

"看好了，这个蜡烛的火焰已经熄灭了，只留着一点点火星，我把它放到充满氧的玻璃筒里面，会怎么样呢？"叔叔说着就把盖住玻璃筒的盖子拿开，把蜡烛放了进去，就看到已经熄灭的蜡烛一下子又燃烧了起来，冒出高高的火焰。然后又重复了刚才的动作，拿出吹灭只留一点火星，再放进去重新燃烧。如此这般试了好几次，实验结果都是一样的。

爱弥儿高兴地直拍手，说："氧和氮的性质完全不同啊！它可以让快要熄灭的东西重新燃烧起来，氮却让本来燃烧的东西很快熄灭掉。叔叔你让我来试一试，好不好？"

"可以啊，不过这个玻璃筒里的氧可能已经快用完了，因为蜡烛每重新燃烧一次，都回消耗一些氧。"

"那边不是还有很多吗？就那四个瓶子里。"

"那些是我为更重要的实验准备的。"

"那怎么办呢？"

"你用糖果罐里的氧吧！不要把它看成糖果罐，就是玻璃筒。"

"好的，就按照你说的办。"

"实验里面，无论是糖果罐还是玻璃筒，其实作用都是一样的。你们要明白，日常生活中的很多东西都可以用来做实验，这也是我为什么用糖果罐的原因。那种玻璃筒对我们来说是很少见的，如果你打算重新做这个实验，选择任何一种瓶瓶罐罐都是可以的，只要能把蜡烛插进去就行。你现在可以开始了。"

爱弥儿把一糖果罐的氧放到桌子上，就按照叔叔刚才的步骤，开始做实验，做了好几次，实验效果一如既往的好，或者说更好。

叔叔说："我说这个罐子不错吧！"

"没错，很棒。"

"我们不用在意是什么容器，而要在意里面装的是什么东西。只要里面装的是氧，不管是用什么东西装的，都可以让蜡烛重新燃烧起来。实验就做到这里，让蜡烛在里面继续燃烧吧！一会儿它就自己灭了。"

蜡烛在氧里面燃烧得很旺，火焰非常亮，热量也很高，蜡泪一滴滴地流了下来，和在空气里面燃烧效果不一样。如果是在空气里，这段蜡烛可以燃烧一个小时，可是在纯氧里面，只燃烧几分钟就烧完了。

当火焰灭了之后，保罗叔叔接着说道："我在做这个实验前，先说一下，我们判别一种物质是否是酸，一般是凭借它的味道以及是否可以让蓝花变红的性质。可是有些酸的味道很淡，单纯尝味道的话，是不准确的。检验让蓝花变红的性质是相对比较可靠的，然而如果是弱酸，也不能检验出来。化学家们发现了一种名叫石蕊的地衣类植物，生长在树皮或者岩石上面。它里面包含着一种蓝色物，可以对酸作出非常敏锐的反应。所以药店里面就用它做成了一种石蕊试纸，就是用它的溶液泡在一种纸上面，用来出售。

"这种石蕊试纸遇酸就会变成红色，效果立竿见影，操作非常简便。你们看，这个小盒子里装的就是石蕊试纸，我现在用玻璃棒蘸一点硫酸，滴在上面试一试，你们瞧，马上就变色了，由此我们就知道了，瓶子里的东西是某种酸类。"

喻儿说："既然石蕊试纸可以遇酸变红，那么它是不是遇到溶解的金属氧化物就变绿啊，就像蓝花一样的效果。那样的话，我们靠它就可以判别出金属氧化物了。"

"听起来你的推测还是有些道理的，不过事实上不是这样。石蕊遇到石灰或者一些可溶解的金属氧化物并不会变成绿色。它遇酸变红之后，再接触可溶解的金属氧化物会恢复原本的蓝色。药店里面出售的石蕊试纸分两种，一种叫蓝试纸，呈现原本的颜色；一种叫红试纸，已经遇酸变红了。实验的时候基本上有一种就可以了，一般的实验室为了方便还是会准备两种。我现在把石灰水滴在刚才变红的试纸上面，你们瞧，是不是又变成了蓝色的？如此这般，可以在红色和蓝色之间不断变化。我们可以用它来辨别一种物质是酸类还是金属氧化物的水溶液。能让蓝试纸变成红色的就是酸，能让红试纸变成蓝色的就是金属氧化物。

"我们如果没有石蕊试纸，可以把蓝花加工一下代替。采一些蓝花，捣成碎末，加水搅拌均匀，就可以得到一种淡蓝色的水溶液。这种水溶液就是石蕊试纸的替代物。遇酸会变成红色，遇到金属氧化物的水溶液会变成绿色。因为我们刚才已经说到弱酸不能让它变成红色，因此最好还是准备石蕊试纸来做实验。

"就说这么多，马上开始实验。先在装有氧的瓶子里，燃烧一些物质，观察它燃烧的样子。就用硫吧！"

"和之前在氮气瓶中燃烧磷硫一样，我先用一个瓷片做一个杯子状的东西，然后套在铁丝做成的套子里，再把铁丝插在软木塞里面，以保证瓷片的位置固定不变，还可以把瓶口盖住。如果没有软木塞的话，可以用厚一些的圆形纸片代替，铁丝要插过去，露出一截便于让瓷片升高或者降低，调整它到合适的位置，最好是在瓶子中间，这样氧才充分。"

一切都准备妥当了，叔叔就把倒立在水杯里的瓶子和水杯一起，慢慢放到了水盆里，到了水里把杯子拿走，用手捂住瓶口。如此就把瓶子又拿了出来正着放到桌上，用一个临时玻璃盖子盖住它。在准备好的瓷片上面放几颗硫磺，点燃之后，抓着铁丝放到瓶子里，软木塞把瓶子塞住的时候，瓷片正好在瓶子的中间位置。

我们都知道，一般来说硫磺燃烧起来比较缓慢，发出的光也比较弱。而眼前的实验让两个小化学家目瞪口呆。实验之前，叔叔为了不让太阳光射进来，减弱硫燃烧时的光，早就把百叶窗拉了下来。所以此时展现在他们面前的是一种炫彩夺目的蓝光，就好像置身海底一样漂亮极了，同时还散发出了刺鼻的臭味。

爱弥儿兴奋地直拍手，欢呼道："太漂亮了，太漂亮了。"

燃硫释放出的气味让人感到窒息，太难闻了，实验结束后，叔叔赶紧开窗换气。

"现在这硫已经把瓶子里的氧都用完了，我应该不用再说硫燃烧的样子了，你们已经亲眼看到了，应该比我还清楚。在氧气里面燃烧的硫，无论是光还是热都要比在空气里面燃烧来得强烈。那么我提个问题吧！硫燃烧之后变成什么样了？换句话说就是硫和氧发生化合反应生成了什么东西？有一种是刺鼻难闻的气体散发出来，我们已经闻到了，还有很多还在瓶子里面，我们拿石蕊试纸来测试一下，看看到底是什么？石蕊试纸没办法对干燥的物质产生反应，因此我们还需要把这种气体溶解在水里面。好，我往瓶子里倒一些水，然后晃一晃瓶子，这样里面的气体就可以溶解在水里了，再用试纸测试里面的水溶液，就可以得到现在的结果了。你们瞧试纸已经变成红色的了，你们知道什么了呢？"

喻儿说："这说明这水溶液是一种酸，燃硫生成了一种酐。"

爱弥儿也说："一般我们要判断一种东西是不是酸，需要自己亲自尝它的味道，现在有了石蕊试纸就很方便了，用眼睛就可以辨别出来。"

"没错，是很方便，要想判断一种看不见摸不着的东西是什么，有些困难，我们现在把它的水溶液用石蕊试纸一试，结果显而易见，这是一种酸。"叔叔说。

"那它说明这水溶液是酸的了？"

"哈哈，是啊，只要能让蓝色试纸或者是蓝花变成红色的东西,味道是酸的。"

"这种水溶液是一种酸已经没有疑问了。它的名字叫亚硫酸，之前没有溶于水的刺鼻气体，叫亚硫酐。"

喻儿说："你不是说过有一种叫做硫酸的物质也是硫化合的产物吗？那么硫可以化合成两种酸吗？"

"没错，是这样的，硫可以化合成两种不同的酸，一种含氧少一些，一种则含氧多一些。含氧少的酸性要弱一些，就是亚硫酸；另外一种含氧多酸性强的就是硫酸。只靠燃烧使硫和空气或者纯氧化合，硫抢夺氧的能力是有限的，所以只能形成亚硫酐，溶于水后就得到亚硫酸。有一个方法可以让硫和氧的化合更加充分，这样就可以形成硫酐，溶于水就是硫酸。好了，硫的事情我们就先说这么多，现在再来说说碳吧！看看它在纯氧里面燃烧会是什么样子？"

同样的装置，那一端换成一小块木炭，叔叔先把木炭点着，然后插到装有纯氧的瓶子里。只见本来只有一点火星的木炭到了纯氧里面，马上剧烈燃烧起来，发出一种白色光芒，还迸射出许多流星一样美丽的火花。木炭的整个燃烧过程

非常迅速，在空气里面就是一直鼓风也不会有这样的效果。

爱弥儿一直盯着燃烧的木炭看着，说："瞧，在燃烧的木炭旁边放一个鼓风机，我也可以做出这些光、火星和热来，只需要空气就可以达到瓶子里的效果。"

"是的，虽然鼓风机里面吹出的是空气，但里面更多的是氮，会减弱氧的作用，不过鼓风机会不断通风，所以要达到在瓶子里面的燃烧效果也未尝不可。"

瓶子里面的氧消耗完之后，木炭就慢慢熄灭了，变成黑色的物质。然后把百叶窗打开，房间里又亮了起来。

叔叔说："碳燃烧之后生成的东西是什么呢？我们要搞清楚。瓶子里面有一些无色透明的气体，没有什么气味，光靠看和闻是没办法知道里面发生了什么变化的。我们要是仔细检验一下里面的气体就会发现已经不是原来的氧了。瓶子里的木炭本来可以剧烈燃烧，现在已经无法燃烧了，我们再用燃烧的蜡烛试一试，蜡烛刚放下去就熄灭了。这就是说里面的氧已经没有了，否则蜡烛会更剧烈地燃烧起来。

"我倒一些水进去，晃一晃，里面的气体就溶于水了，拿一张蓝色试纸测试一下，试纸变成了淡淡的红色，这就表明这种水溶液也是一种酸。那么之前的气体就是一种酐。这是因为碳和氧结合在了一起。我们或许可以这么说——这种无色无味的气体里面一定含有碳。"

爱弥儿说："没错，就是这样，要是有人光说不练，只是告诉我这气体里面有黑色的碳，我肯定不会相信的。你呢，喻儿，你会相信吗？"

"我也不会相信，无色透明的气体里面有黑色的碳确实让人难以信服。要不是叔叔为我们展示了全部过程，我们一定不会相信这气体里面会有碳。现在结果是毋庸置疑的。木炭燃烧之后生成的气体，溶于水之后，滴在蓝色石蕊试纸上就使试纸变成红色。那么就知道这种气体是一种酐，相应的水溶液是一种酸，那么它们应该如何命名呢？"

"运用之前讲的化学语法，看看它们应该叫什么名字吧！"

"对哦，我怎么忘了呢！木炭就是碳，那么燃烧之后生成的气体就应该叫做碳酐，相应的水溶液叫做碳酸。"

"碳酸也是酸的吗？"爱弥儿问。

"是啊，只是味道很淡，里面的水太多了，基本就要感觉不出酸味了，就连蓝色的石蕊试纸也只是呈现出淡淡的红色。机会合适的时候，我会让你们知道碳酸就是酸的。好了，我们开始第三个实验吧！我们这次燃烧一下铁，不用像铁匠那样先把铁烧得多么红红的，只需要像点鞭炮的引线一样，用一根火柴就可以了。"

"啊？火柴就能把铁点着？"爱弥儿有些不相信地问。

"是啊，和点鞭炮的引线一样简便。看，这个是我向钟表匠要来的表上的旧发条，和氧接触的面积很大，比较适用于这个实验。实在找不到发条的话，也可以用细铁丝代替。好，我们先把发条上面的铁锈擦掉，在火上稍微加热一下，以便让它变得软一些。之后把它缠成螺旋状，可以借助铅笔来完成，一端固定在作为瓶盖的厚纸片上，另一端缠上几根火柴，一两根就可以了。再把有火柴的那一端放到瓶子里面。记住如果是铁丝，更加简单，不用这么麻烦，只需要把铁丝擦干净，同样缠成螺旋形，有一端加几根火柴就可以了。"

所有的东西都准备好了，第三个装有氧气的瓶子也放在了桌子上，瓶子底部有一些水，有两三寸那么多。

"瓶子里还有水呢，没有关系吗？"爱弥儿有些担心地说。

"没关系的，这水有用处呢，如果没有水，我们还得专门再倒进去一些。一会儿你们就知道它的用处是什么了。把百叶窗关好，实验马上就要开始了。"

关好窗子之后，房间里暗了下来。叔叔点着火柴，把弯成螺旋状的发条放到了瓶子里，就看到火柴一下子亮了起来，发条也跟着燃烧了起来，像烟花一样迸射出火星。沿着螺旋慢慢燃烧到上面，燃烧过的地方熔化成小珠，慢慢地越来越大，直至滴在水里，发出嗤嗤的声音。小珠子越滴越多，有的在水里不会马上熄灭，还有几颗比较大的，把玻璃容器的底部都熔化了，镶嵌在了里面。试想里面如果没有水的话，瓶底都会滴穿了。

两个孩子静静地观察着这一过程，爱弥儿甚至有些害怕了。小珠子不断滴在水里面，在水里还保持短暂的燃烧，迸射出火星子来，发出嗤嗤的声音，简直太有趣了。孩子们以为要爆炸了，都把眼睛捂了起来。当然没有发生什么爆炸，只是瓶子上面有几条裂缝，保罗叔叔开口说道：

"爱弥儿，你现在相信铁可以燃烧了吧！"

"是啊，相信了，铁的确可以燃烧，还很猛烈呢。"爱弥儿说。

"喻儿，你有什么见解吗？"

"哦，我觉得和镁的燃烧相比，这个实验似乎更加有意思一些。镁我们并不常见，燃烧起来也就没觉得有什么稀奇的。铁是我们生活中常见的东西，我们一直认为它是不能燃烧的，没想到它燃烧起来这么猛烈，所以觉得更加稀奇。最有意思的要数那些滴下来的小珠，在水里还会继续燃烧，太厉害了。"

"其实那些滴下来的小珠，已经不是铁了，是铁的氧化物。我现在取出几颗来你们看一看。它是一种黑色的物质，手指一捻就碎了。要是铁的话，肯定不会这样。这种易碎的性质表明这种物质里面包含着其他的元素，也就是氧。你们在铁匠那里看到的打铁时落在地上的黑色物质就是这种东西——铁的氧化物。再仔细看一看，里面的瓶壁上有什么？是没有见过的一层淡红色粉尘。这是什么呢？和什么有些像？"

"有些像铁锈，颜色起码很像。"喻儿说。

"说对了，就是铁锈，铁锈就是铁和氧的化合物。"

"你的意思是说瓶子里面铁的氧化物有两种？"

"的确是两种，只是含的氧多少不同。落在瓶子底部的黑色物质含的氧少一些，在瓶壁上的红色粉尘含的氧多一些。现在就不多说了，以后有机会再说。那么你们再看看那些裂缝和镶嵌在瓶底的黑色物质。"

"啊，这种物质落下来的时候一定非常热，要不怎么能在水里还把瓶底熔化软呢？我之前见铁匠将烧红的铁放到水里面，也不像这样啊，一下子就会熄灭。"

"现在知道瓶子里为什么要放水了吧！"

"是啊，知道了，不放水的话，瓶底就会穿了。"

"不仅会熔穿，瓶子会炸了的，因为忽然的高热。第一滴小珠子落下来，瓶子就会炸裂掉，那样的话实验就被迫停止了。还好之前里面有水，现在虽然有几条裂缝，还是可以继续用的。"

第四瓶没有用的氧气还在桌上放着，小麻雀在笼子里快活地跳来跳去，品尝着美味的面包末。现在，该它上场了哦！叔叔已经说了，这回一定不会让小麻雀有生命危险的。上一次小麻雀的死告诉孩子们，氮气不能支持呼吸，而且也不能支持燃烧。所有的生命在纯氮环境里是不能生存的。今天这只小麻雀又会告诉他们什么呢？在纯氧环境里，会发生什么事情呢？叔叔已经把小麻雀放到了最后那个装氧的瓶子里。

开始的时候没有什么变化，没一会儿时间，小麻雀似乎更加兴奋了，到处跳来跳去，不但拍打着翅膀，还用嘴巴不断啄瓶壁。持续了一段时间，小麻雀的胸口起伏得很快，有些累了，可是这并没能阻止它疯狂的举动，还愈演愈烈。保罗叔叔考虑到小麻雀的安全，赶紧把它抓了出来，放回到了笼子里。几分钟后它恢复了正常。

这时候叔叔说道："好了，我的实验做完了。这个实验告诉我们氧和氮不一样，这种气体是可以支持呼吸的，动物在里面可以存活。然而在纯氧环境中，动物的精力非常的充沛，或者可以说很狂热。小麻雀已经为我们演示了。"

"就是啊，我还没见过这么激动的麻雀呢？就好像走火入魔了一样，为什么要把它放出来呢？"

"时间长了小麻雀会忍受不了的，就会死了。"

"氧气可以杀死生命吗？"

"不是那个意思，氧是生命必需的物质。"

"我有些不明白。"

"你回想一下，蜡烛在纯氧里面燃烧的时候是什么样子的？燃烧得非常猛

烈，眨眼间就把蜡烛燃烧完了。虽然火焰非常耀眼活跃，但是持续的时间很短暂。生命和蜡烛是一样的道理，虽然表现得非常兴奋，可是却不能持续太长时间。或许这样说你们更能理解：就像一台机器一样，运转的频率是有上限的，超过了上限机器就坏了；生命也是一台机器，不能运转得太快。刚才的小麻雀虽然看起来很兴奋，但是也是疲惫的。我怕它这台机器坏掉，所以才把它赶紧放了出来。明天它还会出场，你们要看好它哦！"

第十五章 空气和燃烧

第二天，在爱弥儿的照料下，昨天那只筋疲力尽的小麻雀已经恢复如常了，胃口不错，也很活泼。之前收集到的氧已经用完了，保罗叔叔让两个孩子又去准备了一些氧和氮。两个孩子很兴奋地接受了指令，按照叔叔的做法，成功的制成了氧和氮。当然离不了叔叔的指导，两个孩子表现得也不错，动作很娴熟。收集好两种气体之后，就开始新的功课了。

叔叔说："氧是可以维持生物呼吸，帮助物质燃烧的一种气体。通过昨天的实验你们已经见识了它强大的能力。这就需要加入一些不活泼的气体来减弱一下它的能力。就如同烈酒伤身，需要水来稀释一下。纯氧的能力太强了，会伤害到呼吸和普通的燃烧，这就需要用不活泼的氮气来稀释一下。我们周围的大气就是这两种物质的混合物，其中氮气的作用和烈酒中的水的作用是相似的。

"磷的燃烧实验，告诉我们空气里面包含五分之一的氧气和五分之四的氮气。今天的实验，我们要自己把它们混合在一起做成空气。这里是一瓶氧和一瓶氮，现在如果按照 1：4 的比例混合的话，就会做成我们的空气，让蜡烛慢慢燃烧，动物正常呼吸。我们应该怎么操作呢？

"其实很简单，我先把这个玻璃罩装满水，然后用瓶子里的氧气把里面的水转移出来。用什么样的瓶子本来也没什么讲究，不过实际应用的时候，还是选择小瓶子好一些，这样玻璃罩里才能把混合好的气体都装下。好了，现在玻璃罩里已经有了一瓶氧气，再放进去四瓶氮气就可以了。四瓶氮气一瓶氧气正是从燃磷实验中得到的空气实际构成的结果。这样的话，现在玻璃罩里的气体就和我们呼吸的气体是一样的了，可以做两个实验验证一下。

"用一个小型玻璃筒或者是小瓶子，装满这种混合气体，把蜡烛放到里面看一下燃烧的效果，可以发现蜡烛只是普通的燃烧，和在空气里面一样，不快也不慢。这就可以证明氧被氮稀释之后，蜡烛吃氧的胃口已经小了许多。

"接下来用麻雀做实验看看，我将罩子里的气体转移到一个广口瓶子里，把麻雀放进去，观察可能会发生什么不一样的事情。结果没有发现什么特别的异状。小麻雀只是有些惊慌，想要逃出这个透明的房子，没有类似呼吸困难的症状。胸部的起伏很正常，呼吸的时候也不用费劲张开嘴巴。麻雀在这个玻璃瓶里呼吸起来就和在平时的鸟笼子里是一样的，那就是说里面的气体和外面的空气是一样的。我让它在里面多停留些时间，以便你们能相信在人造的空气里，不会死亡。"

这个实验让孩子们很开心，他们仔细盯着麻雀，看到它在人造的空气里悠闲地散步很惊奇。

叔叔说："结论我们得出来了，把麻雀放了吧！"

喻儿把瓶子拿起来，跑到窗户跟前，盖子一掀开，麻雀就飞了出去，落在邻居家的屋顶上，或许它在向它的同伴诉说在化学实验室里的巧妙际遇呢！

爱弥儿嘀咕着："它和同伴说什么了呢？会把在玻璃瓶里面发狂的消息告诉它们吗？"想到这里，他对叔叔说："瓶子里面的空气和我们呼吸的空气真的一样吗？"

"对啊，一点不错。把氧和氮按照一定的比例混合起来，就可以制成我们呼吸的空气，可以让蜡烛保持燃烧，可以让动物继续生存。"

"麻雀可以呼吸的话，我们也就可以了？"

"没问题啊，它和我们周围的空气没有什么差别。"

"我们真的可以住在自己用药品和化学器具制成的空气中吗？我觉得有些奇怪。另外，我们的氧气是用一种盐制成的，盐（氯酸钾）里面含有氧。你不是说过，很多盐都含有氧，只要是容易分解的，就可以从里面分解出氧气。我对那种可以建造房子的盐更有兴趣。"

"哦，你说的是石灰石吧！也就是碳酸钙。"

"没错，就是它，它也含有氧，对吗？"

"是啊，是含有氧，然后呢？"

"那么既然有氧，可以分解出来吗？"

"可以是可以，只是操作起来比较麻烦。"

"那没关系，能做就行。这样的话，我们呼吸就可以依靠石灰石了，像空气一样，这么一想，简直太有趣了。"

"你的想象力还挺丰富的，石灰石确实可以制造出氧气，这个可能性很高。"

听了叔叔的话，喻儿也有些疑问，说："石灰石制成的空气真的可以呼吸吗？"

"没什么不能的啊！试想一下，麻雀的呼吸器官没有我们的强大吧！它都能呼吸从氯酸钾里分解出的氧气做成的空气，我们就更可以了。氯酸钾本身是一种矿物质，一些元素天天都在不同的物质里面转换着，不增多也不减少。我现在就给你们说说这种变化。

"石灰窑里烧制石灰石，也就是碳酸钙的时候，会生成一种碳酐气体，无色透明。蔬菜水果等绿色植物可以吸收空气里的碳酐气体，这我们都知道。很多种途径可以生成碳酐气体，石灰窑就是其中的一种。植物吸收了碳酐气体之后，分解成碳和氧，植物把碳留了下来，把那些氧都释放到了空气里面，成为空气的一部分。这样的话，我们呼吸的空气里面就可能有石灰石里面分解出的氧气。从建筑用的石子里面释放出来的气体，有些确实是可以维持我们生命的。不同的化合物之间元素在不断地转移，一种物质分解了，里面的元素就会转移到新化合物里面。构成一切物质的元素不是在这种化合物里面，就是在那种化合物里面。不管是空气里的氧、氯酸钾里的氧，还是烧石膏、铁锈、大理石、石灰石里的氧，性质都是一样的，在自然界中数量是一定的，不会变多也不会变少。氧或者让铁生锈，或者让木柴燃烧，或者形成石子躺在路旁，也或者在动物血管中循环。面包里面的碳是从哪里来的呢？它之前是什么物质，以后又会变成什么呢？如果想要探究出一个氧气泡或者一小块石灰的过去和未来，是痴心妄想的。

"不说没用的了，我们还是说说人造空气的事吧！我把氧气和氮气在玻璃罩里混合在一起的时候，你们也看到了，既没有产生光，也没有产生热，化学里面的作用在这里一点动静都没有。这就是说氮气和氧气制成的空气是混合在一起，不是化合在一起的。不过有一种方法可以让它们两个化合在一起，生成一种全新的物质，其水溶液就是硝酸，有异常猛烈的性质，可以溶解绝大多数金属，如果皮肤遇到了它，会变成黄色，然后慢慢脱落。把这两种气体混合成空气，可以使我们的呼吸顺畅，使我们的生命延续。硝酸会腐蚀我们的皮肤，甚至使我们的生命终止。要注意，即使是相同的两种元素生成的两种物质，性质也不一定一样。你们之前其实见到过，硫磺和铁屑混合在一起与硫磺和铁屑化合在一起，就是完全不同的。

"1瓶氧和4瓶氮的混合物形成空气，帮助燃烧和呼吸的是氧气，氮气的作用只是稀释一下氧气。呼吸到底是怎么一回事，我们需要认真研究才知道，现在时机还不成熟，以后等我们的知识积累到一定地步了，再来细讲。现在我们还是看一看燃烧吧！一种可燃的物质要想燃烧，就需要氧来助燃，两者缺一不可。我们再深入说一下这一点。

"如何让火燃烧得更猛烈一些呢？需要用鼓风机为燃料输送空气就可以让

火燃烧得猛烈一些，这种燃料可以是木柴、煤，也可以是木炭。输送的空气越多，氧就越多，燃煤的颜色也会由暗红色变成亮红色，最后变成白色。如果我们想让燃料燃烧得更慢一些呢？那么我们可以用灰把火盖住，阻止燃料和空气的接触，这样燃料就会慢慢燃烧很长时间。

"这样我们就知道，输送了一定量的空气，可以让火燃烧得更猛烈。在有煤渣的炉子里，煤灰盖住了煤，阻隔了和空气的接触，燃烧就慢了，温度也相应地降低，不过燃烧的时间也就长了。铁匠铺里面燃料的耗费很大，鼓风机吹出的风让火燃烧得更猛烈，热度也就极高，周围会形成气流。客厅里面的火炉，把灰清干净，放进去燃料，点着之后，会发出轰轰的声音。"

"为什么有轰轰的声音呢？"爱弥儿问道。

"我马上就解释。如果打开火炉下面的门，里面的火燃烧得就会猛烈一些，如果关上门，就慢慢熄灭了。为什么会这样呢？炉门打开的时候，一定有什么东西钻进了炉子里。到底什么钻进去了呢？应该不难知道。你们可以把手靠近炉子的灰门边，会感觉到一股气流。从炉底钻进去的轰轰响的东西就是空气，这种现象就叫做通风。炉子能发出轰轰的声音，必然通风很顺畅，大量的空气穿过了燃烧的物质，燃烧得就会更加剧烈。越来越暗的火炉，一定是通风不顺畅的，进去的空气少，燃烧起来也就更费力一些。因此我们说火炉是否燃烧猛烈，和进去的空气多少有直接关系。

"我们再来看看为什么要通风。一个炽热的火炉上，有一张已经燃烧了的纸片，燃烧后的灰会向上飘，甚至到了顶棚上面。尽管灰烬的重量很轻，可也绝不会无缘无故地飞起来，所以一定有一种外在的力量促使它不断向上。这种力量是什么呢？是气流。空气穿过燃烧的物质，会因为受热膨胀，膨胀了之后比重就减轻了，形成上升的气流。热的空气不断向上，冷的空气不断从下面钻进去。如此冷热交替，就形成了通风。就好像看到漂流的浮萍可以知道水流在流动，虽然我们看不见无色透明的空气，但是从那向上飞升的灰烬，我们可以知道气流在上升。

　　"还有一个实验可以和你们说说，做的时候需要点着炉子。取一张圆形的纸，把它剪成螺旋状的纸条，然后用线把它吊起来，中心取螺旋的中心，那样的话纸条也就会下垂呈现螺旋锥形。如果火炉燃烧猛烈，纸条会转圈旋转。之所以这样是因为，纸条和上升的气流之间不是垂直的，而是倾斜的，上升的气流推动着纸条不断向后旋转。这也是风筝和风车运动的原理。

　　"这也就说明了，受热后的空气变轻上升，冷空气就会占据它本来的位置。上升的空气推动着螺旋纸条旋转着。也是因为上升的气流，纸的灰烬才会向上飞升。火炉里有顺畅的通风，这回你们知道它的意义了吗？假如烟囱、房间、屋外的空气温度都一样的话，就不会产生风。火炉点着之后，烟囱里的空气因为受热就会上升从而形成了风。空气的热度、烟囱的高低和通风有密切关系。热空气上升的同时冷空气就会从下面穿过燃料，燃料因此燃烧得更旺盛，冷空气也就变成了热空气继续上升。如此这般，空气不断在炉子里和烟囱里通过，经过燃烧的时候，把氧给了燃料，空气受热之后，氧气和木碳也发生了化合反应，生成的物质从烟囱里上升飘散到外面的空中。因此炉子里会发出轰轰声，烟囱里会冒出烟来。通风就是天然的鼓风机，不断更新的空气中的氧气，不让氧气缺失，确保燃料继续燃烧。如果要让火燃烧得旺盛，可以这样做——首先务必保证空气的通畅，不断穿过燃料，帮助燃烧；其次要让燃尽氧的空气从烟囱里顺利排出，确保新的空气进入。"

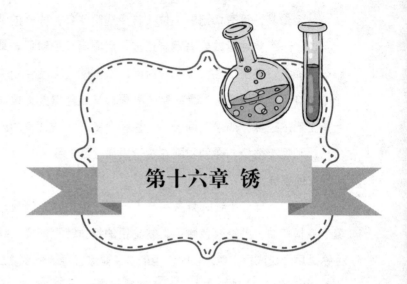

第十六章 锈

两个孩子在院子里发现了一把生锈的刀。放在几个星期之前,他们一定不会注意这块没有什么用处的铁,不仅不会去捡它,就是看一眼都懒得抬眼皮。因为叔叔讲解了金属的燃烧的缘故,两个孩子的眼界开阔了许多,现在眼前的这一个铁块也就有了研究的价值。思想最好的肥料就是知识。一种东西,无知的人看都不看,智慧的人视若珍宝,真理就在那里面。喻儿把那把铁刀捡起来,就看到上面红色的锈,和氧气瓶子里燃烧后瓶子内壁上落的粉尘有些类似,赶紧拿给爱弥儿看。

他们说:"这块铁一定不可能在氧气瓶子里燃烧,可是它上面的铁锈和实验里发条上的物质相同,为什么呢?我们去找保罗叔叔问一下。"

保罗叔叔在课上解答了这个疑问:"绝大部分的金属,将它的表面抛光后放置在那里,慢慢地表面被一层皮状的东西覆盖,光泽就会越来越暗。拿刀把一块铅切开,横断面上就会露出银白色的光泽。过不了一会儿,横断面上的银白色就会像其他没有切割的部位一样变成暗灰色。同样的情况在铁和钢上也是适用的。一个物件用铁或者钢制造成，刚刚出厂的时候，都是锃亮锃亮的，和银一个颜色，在空气里面放一段时间，原本的光亮就会消失，表面还会长出一个个小红点，慢慢变大，最终整个表面都被红色覆盖，里面也一样。这个过程就是生锈的过程。如果时间长了，铁就会变成一种红色的东西，这种东西质地疏松，和泥土很像。你们刚刚在院子里面捡到的铁刀，就是因为这个原因呈现出现在的模样。

"铅也一样会生锈，只是状态不一样。铅的锈是暗灰色的，不是红色。那覆盖在横切面上的暗灰色物质，就是铅的锈。锌也一样，锌的本色是银白色，生锈之后会变成青灰色。铜呢？铜的本色是金红色，生锈之后就会呈现出绿色。这就可以得出一个结论来：一般的金属都会生锈。

"既然看到了金属生锈的事实，我们就要探究一下原因了。就拿最近的铁燃烧的实验来说，实验生成了一种红色的粉尘，很像铁锈，不是像而就是铁锈。锌燃烧之后变成了一种白色的物质，也就是锌的另一种锈，加热后的铅和空气接触之后，慢慢就会生成一种黄色的物质，质地疏脆，这就是铅的另一种锈。把铜放到火中，金红色就会变成黑色，火焰的颜色会变成绿色，这种黑色的物质就是铜的另一种锈。这些不一样的锈统统是金属燃烧的产物，是金属和氧发生化合反应之后生成的——它们都是氧化物。

"这些锈，经过了光与热的萃取，和金属表面慢慢形成的锈是相似的物质。在潮湿的土里面，埋进去一块铁，慢慢地铁的表面就会有一层红色的物质。在氧气瓶中，放一块铁让它燃烧，就会有一层红色的物质落在瓶壁上。无论是哪一个例子，化学过程是一样的。再拿锌来说，表面慢慢形成的青灰色物质和在铁勺子里面飞出的雪花状物质，本质上的变化是一样的，都是和空气里的氧气发生了化合反应。一般来说，锈都是一种氧化物，是燃烧之后的金属氧化物，无论有没有发热，都是燃烧了。我可以再说几个例子。

"比如说，木头在外面放久了就会腐烂掉，先是变成暗黑色，最后变成棕色的木头碎末。其实木头腐烂的过程也是一种燃烧，和常见的燃烧不同的是，它的速度更慢而已。它也是与空气中的氧气发生了化合反应，和在火炉中燃烧是一样的，释放出热量。你们想，垃圾堆里面总是热的，潮湿的草堆更热，之所以这样和里面的植物与氧发生化合反应脱不了干系。腐烂的木头也是在缓慢地燃烧着。

　　"那么我们为什么感觉不到木头腐烂过程中释放出的热量呢？很简单，一块木头腐烂需要花费 10 年的时间，同样大小的另一块木头燃烧只需要 1 个小时，两者都会释放出热量，一个用了 10 年的时间慢慢释放，一个用 1 个小时的时间全部释放完，那你们说，可以立竿见影地感觉到的是哪个呢？当然是后者。这就是说两种情况发生的化学过程是类似的，只是速度不一样。一根腐烂的木头，一堆发热的垃圾和一根点着的树枝，都在燃烧着，也就是说它们都是和空气里的氧发生了化合反应，不一样的是燃烧得快与慢的问题。燃烧快的就是我们常说的燃烧，很快发光发热，反应快时间短。燃烧慢的就是生锈或者腐烂，不发光也不会有明显的热量，反应慢时间长。

　　"金属叫生锈，植物就叫腐烂，其实都是缓慢的燃烧。金属在潮湿的空气里面，和氧化合生成的化合物，称为氧化物。旧铁刀有红色的表皮，切开的铅断面很快蒙上灰色，银色的锌表面看起来发灰都是这个原因。铁外面红色的物质是氧化铁，铅上面的灰色物质是氧化铅，锌表面的物质就是氧化锌了。我们得出一个结论：金属和潮湿的空气接触，一定会发生缓慢的燃烧，表面至少会如此，慢慢生锈。

　　"基本上所有的金属都会这样，被空气里的氧慢慢氧化，生成锈。只不过因金属不同，锈的颜色也不同——铁锈是黄色或者红色，铜锈是绿色，锌和铅的锈是灰色。锈的生成也分难易度——常见的金属里面，最容易生锈的是铁，然后是锌和铅，之后是铜和锡，最难的是银。唯一不会生锈的金属是金，它可以总是保持着自己的光泽，人们都把它当作珍宝。古代的金币和金饰，埋在潮湿的土里面很长时间，挖出之后也和刚做好的一样，还是金光璀璨。如果换做别的金属，早就被锈覆盖了。"

第十七章 在铁匠铺里

　　有一天，保罗叔叔带着孩子们来到了村子里的铁匠铺，有一个奇妙的实验需要借用这个地方做。他要告诉孩子们，水里面有一种比磷和硫等更容易着火的气体。我们知道水可以灭火，可是现在他要从水里分解出一种燃料。喻儿和爱弥儿都觉得有些难以置信，打算拭目以待。铁匠很高兴地把他的熔炉、工具交给了他这个有着稀奇古怪想法的邻居，自己也亲自上阵，任由叔叔指挥。不过隐藏在满是烟垢的脸庞下面的微笑，还有一些怀疑。

　　操作台上有一个缸，里面装着水，还有一个玻璃杯子。熔炉里面正在加热一根铁棍，看起来很重。铁匠负责拉风箱，叔叔负责看那根铁棍。铁棍烧红了之后就可以试验了。

　　"喻儿，把这个杯子装满了水，倒扣在水缸里，杯子底部稍微抬起一些，让杯口在水平面下就可以了。接下来我会把这根烧红的铁棍放到水里的杯子下，我不会烫到你的手指的，不要害怕！你要让杯子倾斜一些，不过杯口不要露出水面，这样烧红的铁棍就可以放到杯子下面了。"

喻儿表示明白了，叔叔动作很快地把烧红的铁棍插入了水里，正好在水缸里的杯口下。水冒出了很多气泡，像沸腾了一样。那些气泡都跑到了杯子里。

"这些气体做实验还不太够，我们再来一次，你好好拿着杯子啊！"叔叔说。

就这样先烧红，拿出后放到水里进行了几次，杯子里的气体越来越多了。收集得很慢，不过大家都没有厌烦，铁匠不停地拉着风箱，等待着见证实验的那一刻。杯子里收集到的气体到底是什么东西呢？看起来没有颜色，和空气很像。到底是不是空气呢？其实把烧红的铁放到水里面冷却的时候，都会发出嗤嗤的声音，这些对于铁匠来说早已习以为常了，没有专门思考过。也只有懂化学的保罗叔叔，会想着从冒出气泡的水里收集那些气体。铁匠的脸上，已经被汗水冲出了一道道黑色的印记，不过现在怀疑的笑容已经消失了，展现出的是一种骄傲兴奋的笑容。

叔叔接过杯子，抓着杯子的底部，倾斜了一点，这样杯子里面的气体就有一些跑了出来。另一只手里拿着一个用纸搓成的细纸卷，点着后一吹即燃，用它把那些冒上来的水泡点着了。很快就见气泡好像有爆破的声音，还有黯淡的火焰冒出来，只有光线很暗的时候才能看到。铁匠铺的光线本就很暗，这个实验的效果也就很明显了。听，又一个气泡响了，一时就像遥远的不断地打枪声，响声不断，还发出幽幽的光。

"哎呀，不怕湿的火药啊，到了水面就爆炸了，再来一次，我好看清楚。"铁匠感到很惊奇，大声叫道。

叔叔又照旧做了一回，杯子倾斜后，气泡冒了出来，然后就听到气泡燃烧的声音了，最后把杯子里的气体都用完了。

铁匠问："这比火药还要容易着火的气体，是从水里来的？"

"是的，灼热的铁把水分解了，不是水里来的，还有别的地方吗？我只用了铁和水来制造这种气体，很快你们就会知道，铁在这里不是必需的，这种可以燃烧的气体就一定是水里出来的。"

"化学真是奇妙啊！水也可以燃烧。看来我有时间要研究一下化学了。"铁匠点头说道。

叔叔又说："其实你每天都在做化学实验啊，而且很有趣呢！"

"我在做化学实验？难道锤铁磨刀也是化学吗？"

"没错，化学就在这些日常工作里面，你每天都在操作化学，只是自己还不知道而已。"

"哎呀，还真是不知道。"

"我希望可以把这些日常工作中的化学让你知道。"

"什么时候啊？"

"现在，今天。"

"哦，保罗先生，我再提个问题行吗？从水里面出来的这种气体叫什么？"

"它叫氢气。"

"哦，氢气，我会牢牢记住的。有时间的话，我会把这个实验做给我的朋友们看看。你的侄子们多幸福啊，每天都可以跟你学习。我要是也像他们那么大，一定也做你的学生。现在人老了，脑子也不好用了，没办法读书了。对了，还有要我帮忙的吗？"

"那帮我把火点着，炉子里的煤烧得红红的。我这次用煤来分解一些水，不用铁了。不管是铁还是煤，我们都可以得到一样的可燃气体，以便证明氢是从水中分解出来的。好了，喻儿，和用铁做的实验是一样的，你也准备好了，抓好杯子啊！"

这样等了几分钟，炉子里的煤烧红了，保罗叔叔用火钳夹了一块烧红了的煤，放到水里，置于杯口边，就看到水里冒出了很多气泡，升到了杯子里，比用铁棍做的实验效果还要好一些。如此重复了几次，杯子就满了。里面的气体遇到火就会燃烧起来，火焰黯淡，燃烧的时候还有爆破的声音。我们就知道无论是烧红的煤，还是烧红的铁，它们的作用是一样的，性质虽然不一样，但是都是用来分解水的，把氢从水中赶出来而已。

亲眼见证了保罗叔叔的实验，铁匠陷入了深思，在回忆自己每天工作时的样子。叔叔似乎知道他在想什么，就说："你平时是怎么把铁烧到可以锻接的程度呢？"

"怎么做的吗？我刚才就想到了一个方法，就和你提到的氢有关。看了你的实验，我似乎可以明白我每天都在做什么了。你瞧，角落里有个水槽，里面放着一个笤帚，手柄很长，我用它往烧红的煤上面淋水，这样就可以达到我想要的热度。"

"把水淋在火上，听起来似乎只能让火熄灭，真实情况是火焰会更加的旺盛。"

"就是这样，我之前怎么也不明白为什么会这样，有了你的这个实验，我……"

"不好意思，先打断一下，我的侄子们似乎还不相信淋湿了的煤燃烧起来更旺，你来给他们做个示范吧，好吗？"

"当然，我很乐意，能做你的学生我很荣幸。"

说着铁匠就拉着风箱，开始点火了，他先拿了一根铁棍放到燃烧的火炉里面，烧红之后，把铁棍拿了出来，说道：

"瞧，我已经把铁棍烧红了，就是拉上一天的风箱，估计也就这样了。现在我想让它更热一些，可以做锻接，这时候就需要用笤帚往煤上面淋水了，当然不要淋太多，否则会把火浇灭的。"

说完，他就把那根铁棍继续放到炉子里，同时在烧红的煤上面淋了一些水，两个孩子像小学徒一样，跟在他身边认真地看着。其实，他们平时已经见过好多次这样的情景了，不过以前看的时候，没有这么多思考在里面。现在保罗叔叔已经把水里面有氢气，并且可以燃烧这件事情告诉了他们，他们也就又重新燃起了兴趣。兴趣的前提是要给予注意，知识可以让我们身边的所有东西都变得高深莫测。

烧红了的煤因为有了水，马上有了不同。开始的时候火焰很高，下半部分亮，火焰的顶端是红色的，有一点烟，仿佛就是一瞬间的事情，长长的火焰一下子变小了，只在煤的缝隙里面冒出一点点火焰的头来，颜色是白色的。这种白色的火焰和光线强烈时看到的氢的火焰有些类似。这时候把那根铁棍拿出来看的话，发现已经由红色变成了更热的白色，还有火星子冒出来，有爆破声发出。

爱弥儿想起了之前的实验，大声说："哎呀，铁燃烧起来了。"

铁匠也说："没错，小家伙，是这样的。炉子里如果一直是这个温度，在里面时间长了，这根铁棍就会烧没了。你看砧板的周围有很多黑色的铁渣子，都是用锤子从烧红的铁上敲打迸射出来的。"

"哦，它们是氧化铁，我知道的。"

"氧什么化，我不太清楚，不过我知道它们是燃烧之后的铁，我在烧红的煤上面淋了水之后，炉子里面的温度就上升了许多，那时候这样铁渣子也就有很多。我们听听你叔叔怎么说。保罗先生，你能说说吗？为什么水可以产生火呢？炉子里的铁没有水的时候只能是赤热，有了水就可以达到白热。我有些不明白。"

保罗叔叔说："很简单，因为氢是一种最能发热的燃料，什么木柴呀，煤炭呀的，任何的燃料它们的火焰都达不到氢的火焰的温度那么高。氢是燃料中的战斗机，任何物质都比不过它易燃而且热度高。"

"哦，我知道了，当我把水淋在烧红的煤上面的时候，和你把烧红的煤放到水里是一样的效果，水分解了，就产生了氢气，氢气遇到火燃烧，放出大量的热，因此铁也就烧成了白色的。淋水的效果比继续加煤的效果还要好，我说得对吗？"

"没错，就是如此，烧红的煤把水分解了，把更好的燃料提供给了火，你每天都在做着化学实验，我这话没说错吧！"

"哈哈，我之前虽然把煤淋湿了，但是能产生氢还真是不知道，看来还是要读书啊！像我这么个大老粗，每天就知道敲敲打打，哪里有时间看书啊！保罗先生，我再请教一件事。我听说，如果哪里失火了，如果水不是很充沛，火又着得很旺，还是不要用水浇好一些。最好选择沙土来把火盖住，这样也就能扑灭。你能告诉我为什么要这样做么？和氢有关吗？"

"关系大了，火燃烧得很旺的时候，加上少量的水，水会分解出氢，帮助火燃烧得更旺。这样的话火不会小，反而会更大。如果加的水不是只把火红的煤打湿那么少，而是用大量的水浇下去，火就会灭了。也就是说，要达到灭火的目的，水量一定要充足，水太少了不仅不能灭火，还会取得适得其反的效果。"

铁匠说："听君一席话，胜读十年书啊！我这里的炉子每天都着着，以后有什么需要帮忙的，就说话啊！我一定竭尽所能提供方便。"

叔叔对铁匠表示了感谢，就回家去了。喻儿走的时候还不忘带了一些铁渣子回去，准备仔细研究一下呢。

孩子们获得叔叔的准许之后，回家就自己把在铁匠铺那儿看到的实验操作了一把。从水里分解出了那种气体，居然可以燃烧，太有意思了，他们迫不及待地想再看一看，而且最好可以自己亲自动手制造。实验其实还是比较简单的，也没有什么太大的危险。虽然铁匠也说了欢迎打扰，不过他们还是不好意思去麻烦他，浪费他的时间。自己在家里做实验是最自由的，想做几次就做几次，还不会妨碍到别人。他们的实验能成功吗？

叔叔说："可以成功，你们可以用一些烧红的木炭代替煤，然后只需要准备一盆水和一个杯子就万事俱备了。先把木炭烧红，快速用火钳夹着它放到水里的杯子下，这样就会产生一样的气泡。实验的成功取决于燃烧的木炭能不能像炉子里的煤一样，足够的热。木炭越热，分解的水也就越多，得到的气体也就越多。我还得提醒你们，小心烫手哦！"

喻儿说："不用担心我们，爱弥儿负责拿杯子，我负责夹木炭。我会很小心的，一定不烫到他。"

"我先给你们打个预防针啊！要是你们用的是烧红的铁来实验，我不能保证实验一定可以成功哦！这主要是因为你们用来烧红铁的炉子太小了，没办法让任何的铁达到需要的温度，如果想试可以试一试，不过还是要注意安全。"

叔叔说完这些，就让两个孩子自己去做实验了，小化学家们先在炉子上放好木炭，点燃之后，烧红了木炭。实验一些都很顺利，水里面有气泡冒了出来，

实验就成功了。喻儿紧紧盯着氢，点燃之后看到了蓝色的火焰。这一点和在铁匠铺里用铁做的实验不一样。不仅喻儿发现了这一点，爱弥儿也发现了。

他们又把铁先烧热，重新做了这个实验，虽然费尽心思地选了一根细细的铁丝，在炉子上烧了好一会儿，也只收集到了很少的氢，点三四次就没有了，燃烧之后的火焰也基本上看不清。他们不甘心地又做了几次同样的实验，结果都一样。叔叔早就预见了实验的结果，所以这样的实验也就算成功了。

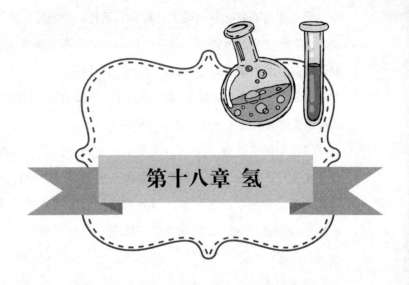

第十八章 氢

要想从水里面制造出氢，选择用赤热的铁效果比较缓慢，步骤也有些繁琐。要重复做同一个实验好几次才能得到一点点氢。如果选择烧红的炭，收集的速度会快一些，可是得到的气体里面会混有一些其他的气体，从炭里面出来的，这样的话氢就不纯了，喻儿看到气体燃烧的火焰是蓝色的，就是因为这个缘故。他们之所以做这个实验，主要是为了验证一下水里面有氢，所以也就达到了实验效果，而如何用较少的时间制取较多的氢气，另外再研究。

保罗叔叔说："现在我们不用烧红的炭制造氢，因为这样子得到的氢总会混合一些其他的气体，只有收集到纯氢气才方便研究氢的性质。同样，用赤热的铁从水里分解氢也可以放弃，因为得到的氢太少了，虽然纯度上够了。我们要找到一种方法，既简单易操作，又可以得到很多的氢，如果需要用到火炉风箱之类的就不要考虑了。非金属氧化物溶于水后成了酸，水里面含有氢已经是一定的了，这样我们就知道酸里面一定也含有氢。你们知道吗？铁可以分解水，在不需要加热的前提下也可以分解用水稀释后的硫酸。铁和稀硫酸发生化学反应，很容易就释放出氢气。还有一种常见的金属与硫酸反应比铁还要容易，那就是锌。当然也缺少不了水的帮助。这就是说铁和锌都可以用来制造氢，如果有锌的还是优先用锌。没有锌的话，可以用颗粒小一些的铁屑，这样它和其他物质的接触面积会大一些，更容易反应。

"这个杯子里有一些水，还有从旧电池上面拆下来的锌，这时候里面没有任何变化。看好了，我要往里面倒一些硫酸了，搅拌一下。你们瞧，水沸腾起来了，冒出了许多气泡，浮到水面上之后就破了。这些气泡和在铁匠铺里用赤热的铁和水制成的气体是一样的，就是硫酸里面释放出的氢。我现在把一张点着的纸靠近它们，你们看那些气泡，遇到火就发出了噗噗的爆裂声，发出的火焰很微弱，光线暗的时候才可以看到。气泡不断地上升，噗噗声也不断爆发。"

水面上不断闪烁的火焰和机关枪一样不断的爆破声，十分有意思。还有更有意思的，没有任何加热，杯子里的水自己沸腾了起来，杯子也很热，烫得手指都不能接触。

保罗叔叔已经猜到了他们的想法，说："有气泡出现，是因为锌和硫酸发生了化学反应，产生了氢气。气泡慢慢从水里上升，水面也跟着它波动起来。这个道理和茶壶里沸腾的水是一样的，杯子里的液体其实并没有动，动的是那些上升的气泡。你们要是拿一根麦秆，插到水里吹气，效果也是一样的。外表上看和沸腾很像，可是其实是一种视觉误导。

爱弥儿不太相信，说："可是杯子很热啊，我的手都不敢摸。"

"虽然热，不过还不到能让水沸腾的程度，不信的话，我用钳子夹出里面的锌，就没有气泡冒出来了，马上就会恢复平静。"

"不过那里面的液体确实是热的，既然杯子底下没有火，里面的液体怎么热了呢？"

"哦，爱弥儿还有些怀疑这种没有火却发热的现象。那么我提个问题，我们做硫磺和铁屑混合物的实验的时候，瓶子也是热的，那时候有火吗？建筑工人往石灰里面加冷水，温度也会升高，那时候有火吗？这些都是没有火却发热的例子。这是因为一般只要发生了化合反应，就多数会有热量产生。锌和稀硫酸的反应，也是一个释放热量，产生氢气的化学反应。

"锌和稀硫酸发生化学反应就可以得到氢，这你们已经知道了。不过你们还不知道要如何收集到这些氢。制造氢必需的三种物质是硫酸、水和锌，硫酸里面含有氢，水的作用是稀释硫酸，锌与稀硫酸反应后放出氢气。做这个实验前，先要稀释硫酸，务必注意是将浓硫酸慢慢加入水中，加的多与少取决于实际需要。太多的话气泡会喷发，有把硫酸溅出来的危险，沾上的话会腐蚀了皮肤和衣服。还需要注意的是，添加硫酸的时候不能打开杯子的盖子，否则空气就会钻进去，而氢气和空气的混合物危险性是很高的。

"一般来说，实验需要一个玻璃瓶，里面放一片锌，最好是薄薄的锌片，把它卷起来，从瓶颈放进去，然后往里面加水，没过锌片。之后用装有长柄漏斗和弯曲玻璃管装置的软木塞把瓶子盖好。这一整套实验装置就准备好了，当把浓硫酸从长柄漏斗里慢慢加进去之后，就可以得到氢。产生氢气气泡之后就可以停止了，如果气泡冒得太慢，可以再稍微加一点点浓硫酸。注意长柄漏斗

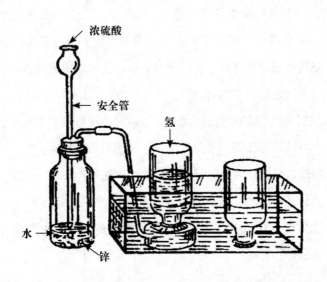

浓硫酸

安全管

氢

水

锌

的下端一定要伸到水里，这样既不会影响往里面加硫酸，又不会让瓶子外面的空气有进入瓶中的可能。装置虽然简单，却也非常巧妙。以后我会解释这么做的原因。瓶子里产生氢之后，因为长柄漏斗已经在水里了，所以氢只能从弯曲玻璃管中出去。也就是说这个制造机器只有两扇门，一扇只能进——长柄漏斗，一扇只能出——弯曲玻璃管。

"如果弯曲玻璃管被什么东西堵住了，或者发生因为管子太细，里面产生的氢挤不过去了的情况，会怎么样呢？当气体无法出来的时候，会把水从漏斗里挤压出去。因此当你发现漏斗里面的液体上升之后，就要注意了，这个装置一定有什么问题需要我们解决。因此这个漏斗也是警示灯。当然了，只要不加太多的硫酸，这种情况还是很少发生的。"

说完这些，叔叔就取出一个广口瓶，然后又拿出一个大软木塞来。用锉刀工具把软木塞加工到广口瓶瓶颈的大小，又在软木塞上打了两个眼儿，一个插之前实验用到的弯曲玻璃管，插的时候一定要穿过去，露出一小截管子才行；另一个插一根直玻璃管，一定要比广口瓶高一些才可以，插的时候尽量往木塞的那一端伸。接着就把准备好的锌和水放进瓶子里，用做好的木塞装置塞住，和一些泥把木塞的边沿糊上，以免气体从缝隙跑出来。这些都做好之后，就把弯曲玻璃管的另一端放到准备好的水盆里。此时爱弥儿看到叔叔的种种操作就预想到马上就会得到很多很多的氢，可以拿来做很多实验，就喜不自胜。不过当他注意到叔叔用直玻璃管替换了长柄漏斗，有些疑惑地提醒叔叔说："叔叔，这个不是长柄漏斗啊，是直玻璃管。"

"哈哈，是的，因为我们没有长柄漏斗，所以只能用直玻璃管代替。"叔叔说。

"可是这个玻璃管这么细，没有漏斗怎么往里面倒硫酸呢？"

"是啊！喻儿，你有什么方法可以解决这个难题吗？"

喻儿开口说："有是有，你们得保证不笑我我才说。我琢磨可以找一个东西代替漏斗，比如可以找一张厚厚的纸，做成圆锥的形状，在圆锥的顶部钻个小孔，你们说怎么样？"

　　"听起来挺好,这个实验缺少了漏斗是不好操作的,用纸做的漏斗可以代替玻璃漏斗理论上是可以的,但是要注意硫酸的性质,它的腐蚀性很强,纸沾上硫酸马上就会腐烂掉。不过纸并不太贵,我们可以反复更换。"

　　说完就实践了起来,纸漏斗插在直玻璃管上解决了往里面倒硫酸的困难。硫酸进入瓶中之后,里面的水呈现出沸腾的状态,弯曲玻璃管的另外一端的水盆里面,冒出了很多的气泡。孩子们用点着的纸片靠近那些气泡,就听到噗噗的响声发出,还有白色的光在闪现。看来这些气体正是氢气,和在正式实验室里的实验结果一样的好。

　　保罗叔叔说:"这种噗噗声你们应该不陌生了,我们现在要做的是把这些氢全部点着。我先在水里面溶解一些肥皂,然后把弯曲玻璃管的另外一端插入这些肥皂水里。你们应该很清楚,如果用麦秆在肥皂水里面吹气的话,会出现很多的气泡。那么我们现在这样操作,结果应该也是一样的,会产生很多的气泡,不一样的是气泡里面都是氢气。我们

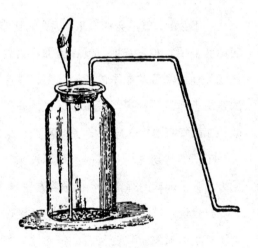

可以得到很多藏在肥皂泡里的氢气,然后我再拿一张点着的纸靠近这些肥皂泡,那些肥皂泡就会像爆竹一样噼里啪啦地响个不停。声音要比之前更大,火焰的颜色不会有什么改变,不过会比之前更亮一些。"

　　因为孩子们极力请求,叔叔就又做了一次这个实验,那些肥皂泡很大,着火之后发出的声音也很响亮。

　　结束后,保罗叔叔说:"我们根据这个小实验就知道了氢是非常易燃的,只要有点着的纸片靠近,马上就会燃烧起来。好了,我们再来做个实验,看一看氢的另一个特性——灭火。没有什么东西有氢那么容易燃烧,可是不管什么

物质，点着之后放到氢里面，会马上熄灭掉。把蜡烛放到装着氢的瓶子里，结果会像在氮气瓶中一样，马上熄灭。我们就来验证一下吧！我先把弯曲玻璃管的一端插到水盆里面，像收集氧的时候一样，收集一些释放出的气体，装在玻璃瓶里面。"

收集好气体之后，保罗叔叔又说："现在这个广口瓶里面装满了氢，我要把它取出来了。"

说完就抓住瓶子底部，倒着把它慢慢拿了出来。孩子们看到这一步，以为叔叔疏忽了呢，就问："叔叔，你这个样子，里面的气体不会掉出来吗？也没有塞子盖着瓶子。"

"不会的，氢不会掉出来，因为它比空气轻很多，只会往上升，不会往下落。因此我们要是怕它跑掉，就在上面拦截住它就可以了，下面的路不用管，这也是我为什么倒着拿瓶子的原因。好，现在我把一支燃烧的蜡烛插进去。瓶子口的氢马上燃烧了起来，发出很轻微的响声，火焰慢慢地上升，那支蜡烛的情况就和在氮气瓶中的一样，早就熄灭了。"

孩子们看到这个觉得很不可思议，怎么也想不明白为什么可燃的气体可以灭火，听了叔叔的解释，也就很容易理解了。

叔叔说："我再重复一次之前提到过的燃烧的原理——燃烧就是空气中的氧和某种物质发生化合反应。一个地方如果没有空气，不管什么物质都是无法燃烧的。燃烧的蜡烛到了氢气瓶中会熄灭也是因为里面没有助燃的气体。氢是可燃气体，却不是助燃气体，不能帮助蜡烛燃烧。氢的燃烧也需要空气帮助，开始燃烧的时候是在瓶口部位，因为那里有空气。当瓶口的氢燃烧完之后，附近的空气就填补了氢气的位置，因此火焰才会上升。

"经过精准的化学天平的测量，空气的重量大约是氢的 14 倍。化学天平可以测出一根头发的重量，还是很可靠的。虽然氢的重量很轻，不过还是有重量的，一升的氢大约重 0.1 克，是自然界中最轻的物质。一升的水重 1000 克，是相同体积氢的 10000 倍。自然界里面最重的物质是锇，是一种金属，它比水大约重

22.5 倍多，比氢要重 22.5 万倍多。其他剩下的物质，轻重不
同，不过都在这个范围之间。鉴于我们的实验条件有限，没
有办法将这些事实逐一检验，不过氢比空气轻很多，还是可
以用实验来验证的。

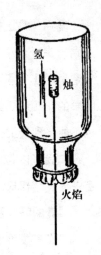

氢

烛

火焰

　　"你们刚才注意到我是如何拿氢气瓶的，之所以把瓶
子倒着拿，就是为了防止氢跑出去。氢非常轻，要想控制
住它，就需要把向上飞升的路给它挡住。我们可以从相反
的一方来做个实验，可以把广口瓶的瓶口向上，里面的氢
就会全部跑掉。"

　　于是把广口瓶正过来放在了桌子上，大家都盯着看，看
看有什么东西会跑出去，可是什么也没有看到。眼睛是无法辨别出气体的活动
和替换的。

　　"好了，我们等了好一会儿了，此时瓶子里的氢已经跑光了，里面都是填
补进去的空气。"叔叔说。

　　"你是怎么得知的啊？我什么也看不出来啊！"爱弥儿问。

　　"我当然也是看不出来的，十双眼睛也无法看出里面发生了什么事情，不
过借助一支燃烧的蜡烛就可以知道了。如果蜡烛可以在里面继续燃烧，就说明
里面已经不是氢气而是空气了。如果蜡烛在里面熄灭了，而里面的气体着火了，
就说明里面还有氢气。"

　　于是放进去一支燃烧的蜡烛，就发现蜡烛依然和在外面一样燃烧着，这就
证明里面的氢气已经没有了，现在在里面的另外一种更重一些的气体。

　　保罗叔叔说："在一桶水里面放进去一碗油会怎么样呢？水比油要重，那
么会把碗里的油赶走，填出了它的位置。油比水要轻，就会浮到水面上。当广
口瓶正着放的时候，它里面发生的事情就和水和油之间发生的事情是一样的。
我还可以用几根麦秆和一小杯肥皂水来做个简单的实验，更好地证明氢气比空
气要轻。先用麦秆蘸一些肥皂水，在另一端轻轻吹气，爱弥儿应该很有经验。"

爱弥儿马上接话说："叔叔，你说的不是吹肥皂泡吗？太好玩了！麦秆的那端出来一个小气泡，慢慢越来越大，要是懂得技巧，可以吹到苹果那么大。气泡呈现出很多种颜色，有红有绿还有蓝色，就像天上的彩虹一样，简直比花园里的花儿还要美丽呢。唯一可惜的是它很快就破了，美丽的颜色也就没有了，也不能飞到天上去。"

"我可以帮你达到这个愿望，你信不信？我会让你不留遗憾，让它飘到天空中去。"叔叔说。

"真的吗？那就太好了。"

"你先按照平常的方法，吹一个肥皂泡出来吧。"

爱弥儿就拿起麦秆，蘸了蘸肥皂水，吹了起来，冒出很多的肥皂泡泡，有大有小，就好像一个个小拳头一样。气泡慢慢变大的时候，也就呈现出了彩虹一样的多彩颜色，泡泡一从麦秆上脱落，就无法飘到天上，而是慢慢掉到了地板上。

保罗叔叔说："瞧，现在这些肥皂泡是没办法飘起来的。它们里面是和周围一样的空气，所以不会上升也不会下降。又因为外面包了一层肥皂泡，合起来就会重于空气，因此就下降了。那么我们要想让气泡不降反升，就必须在里面吹进去轻于空气的气体，远远可以支撑起肥皂泡的重量，这样才能升起来。氢气就是符合这些要求的气体。"

爱弥儿问道："可是要如何把氢气装到肥皂泡里面呢？总不能用嘴吹吧！"

"可以用产生氢的瓶子来帮助我们，先把瓶子上的弯曲玻璃管换成直玻璃管，然后把麦秆的一端用湿纸条包好，插到直玻璃管里，这样瓶子和外界就有一个小小的出口。我们现在就蘸一些肥皂水滴在麦秆的另一端，这样吹出来的气泡就都是氢气泡泡了。"

说完就操作了起来，和说的一样，麦秆的另一端真的吹出了一堆大大小小的泡泡。几个比较大的泡泡挣脱了麦秆之后，马上飞升到了上面，有的在半空中就破了，有的可以飞到天花板上面，碰到天花板才破的。孩子们专心致志地看着每一个氢气泡泡，从刚刚吹出来，到挣脱了麦秆上升，再到碰到天花板破掉。这样子看了好多个泡泡的成长过程，喻儿似乎在思考着什么，爱弥儿呢？在高兴地大叫。

叔叔说："还有一个更加有趣的化学游戏，我要告诉你们呢！先准备一根竹竿，在上面绑一支蜡烛，点着之后，伸到那些飞起来的气泡下面，看看会怎样。"

按照叔叔说的，爱弥儿迅速就做好了，然后举着那根竹竿追着一个飞在空中的泡泡。只见泡泡发出噗的一声，就着火了，很快无影无踪了。爱弥儿有些出乎意料地被吓了一跳。

叔叔问："怎么？有些吃惊吗？氢气本来就是易燃的气体，不是吗？所以里面装着氢气的气泡遇到燃烧的蜡烛，当然会冒火了。"

"说是这样说，我还是没有预料到。"

"好了，你这回应该知道为什么会爆破了，我们再试验几次吧！"

于是又重复了几次，爱弥儿把那些飞到天上，还没碰到天花板的气泡——用燃烧的蜡烛触碰。他的动作很快，所有的泡泡都被他抓到了。如此就又验证了氢气的易燃性。

不轻易提问的喻儿也开口说道："那些肥皂泡碰到天花板之后就破了，那么我想如果没有天花板，它们会飞到哪里去呢？会飞到非常高的地方去吗？"

"在没有障碍物的地方，只要中途不破，就可以飞到很高的地方。不过我们知道肥皂泡泡外面的膜很薄，稍微一动就会破掉。如果是在晴朗的天气，也是可以飞到眼睛看不到的高度。趁着今天这个好天气，我们去外面试一试吧！"

于是他们把做泡泡的整套装置放到屋子外面，又吹出了好多泡泡，有的飞升到房顶就破了，有的可以飞升到很高的地方，飞啊，飞啊，最后连视力那么好的爱弥儿都看不到了。

"它们会飞升到很高很高很高的地方吗？"爱弥儿问。

"我估计不会非常非常高，100米差不多是极限了。因为那些泡泡是透明的，在高一些的地方就无法辨别出来了。而且你们也知道它的膜很薄很脆弱，一不小心就会破掉。你现在看到的泡泡，没准一眨眼就破了。"

"那么如果它的膜不会破呢，可以升到多高呢？"

"我有一个和这个相关的数据，已经经过验证了。飞行家们考察大气的顶层，就是借助用丝织品做的大气球，外面有胶涂层，里面装满了氢或者是其他的气体，帮助气球升空。在1934年1月30日，前苏联的飞行家瓦先科（35岁）、费多先科（36岁）和乌赛斯金（24岁）就坐着气球飞到了22000米的高空，打破了之前的纪录。"

"哇，那他们为什么不再升高一些呢？如果我有机会的话，一定会飞到天的最顶层，去看看那里的风景。"喻儿感慨道。

"哈哈，如果你在那大气球上，飞得估计还没有他们高呢。能飞到那样的高度，需要超出常人的胆识，那三位前苏联的飞行家，在气球落地的时候已经死了。"

"啊，如果排除掉人在上面的生命危险，理论上说它可以飞得再高一些吗？"

"理论上来说没有问题。"

"那有多高呢？"

"这个不好说，或许可以是那个的两倍。前苏联发布的消息称他们的探测空气的气球上升了25英里，大约有40000米呢！不过应该说，不管什么样的气球上升的高度都是有限的。大气层的厚度大约45英里，72000多米。所有比空气轻的物体都会上升，但是都不会超过这个极限。在这个高度，空气已经稀薄到没有了，所以也就没办法让物体浮起来了。"

爱弥儿说："如果我也有一个不会破的气球的话，几千几万米，对我来说都不是问题。"

"明天，你就可以看到一个不会破的气球，我保证。"

"那我可以把它放上天吗？"

"可以啊！"

爱弥儿听到叔叔的许诺，高兴极了，直拍手。喻儿也很高兴，虽然自己不能亲自到天上看一看，不过能有一个氢气球到天上去也是好的。

"叔叔，肥皂泡里装满了空气或者氢气，泡泡会呈现出很多种漂亮的颜色，你能告诉我为什么有这些颜色吗？"

"这些颜色与大气、氢或者肥皂水都没有关系，和你在水缸里看到的是相同的。它们是光照射在泡泡的外膜产生的一种效果。所有像泡泡这样有透明薄膜的物质，光照在上面都会产生各种美丽的色彩。比如说，把一滴油滴在水里，一会儿时间油就会慢慢铺成薄薄的一层，你们会在那上面看到各种颜色。诸如一个肥皂泡、一层薄薄的油之类的透明薄膜物质，都可以显现出彩虹的颜色，叫做虹彩物质。"

第十九章 一滴水

保罗叔叔说："昨天我说会让你们看到不会破的氢气球，现在就让你们见识一下吧！爱弥儿还记得你几个月前从城里买回的橡胶红气球吗？里面装着的也是氢气，就和氢气吹起来的肥皂泡是一样的，可以飘在空中。"

"是啊，是啊，当然记得。它能飞得很高，我最喜欢它了。不过只玩了几天就不能继续飞了，已经在玩具箱里待了很长时间了。"爱弥儿赶紧回答说。

"那么你想过没有，为什么它们过了几天就不能飞了呢？"

"自己想来着，不过没想出什么结果。"

"我来告诉你原因吧！那气球里面装的就是氢气，气球是用薄薄的橡胶做的，弹性很好，里面吹进去氢气，就可以膨胀变大。虽然看起来橡胶外皮没有孔，不像一些丝织物，但是因为里面的氢气实在是太小了，还是会穿过橡胶外皮跑到外面。也因为这个原因，气球会越来越小，即便是没有缩小，里面也不全是氢气，而是混杂了空气。总之，无论是因为氢气跑到外面，还是空气混到里面，

气球的上升力都会降低，几天之后，也就不能飞起来了。如果想让它重新飞起来，需要往里面重新加氢。"

"我之前要是知道可以这样子，一定会让你帮我的气球加些氢的。"

"哈哈，只要你的气球还好着，我们可以马上让它变成一个会飞升的全新的氢气球，很容易的。你可以拿来试试。"

爱弥儿飞快地跑了出去，没一会儿时间就拿来两个没了气的红气球。保罗叔叔拿过来把扎气球口的线解开，往里面吹了些气，看看它们破没破。然后说道：

"好了，气球本身没有什么问题，我们开始吧！先准备一个一升大的玻璃瓶，里面装一些水和锌；然后在一个合适的软木塞上面插上一根直玻璃管，条件有限的话，也可以用鹅毛管代替直玻璃管。在管的最顶端，把气球的入气口用线绑好，以免跑了气。我现在往瓶子里倒一些硫酸，和里面的物质发生化学反应之后，就会生成很多气体，我先把气球里面的空气挤出去，与此同时用软木塞塞住瓶口。做好这些之后，就可以等着看结果了。你们瞧，生成的氢气把气球慢慢撑成一个球了，如果还不停止的话，气球就会爆了。我现在在玻璃管上面四五毫米的地方，把气球的口用线系好取下来，让里面的氢气从玻璃管里出去，不要滞留在瓶子里，否则可能会把木塞挤出去，里面的液体会溅出去。"

喻儿看到叔叔手里的气球，好像要飞起来似的，于是说道："我们松开手让它们飞一下试试，看看能飞起来吗？"

爱弥儿说："哦，先给它系上一根长绳子，小心飞走了。"

"等一下，我们需要好好想一想，这个气球里面装的氢气有多少呢？我估计应该不会超过一升。一升的氢气大约重0.1克，一升的空气大约重1.4克，是氢的14倍重。也就是说气球里面的氢比空气要轻1.3克。假设气球外皮重1克，那么氢气球上升的力就是0.3克，那样的话，你绑在上面的绳子不能超过0.3克。而0.3克是很轻的，你准备的长绳子可能不能太长。"

"说得对，既然氢气球无法带起来一根长绳子，那我们就用一根细细的线绑着。"

于是在氢气球上面绑了一条细长线，气球就飞到了天空中，可惜没有飞得太高，孩子们有些失望。"

"哦？它怎么停在半空不动了啊！"他们说。

"氢气球飞得越高，后面的线也就越长，气球的重量和线的重量加在了一起。当气球的外皮、里面的氢气以及拴着它的线的重量加起来和气球一样容积的空气的重量相等的时候，气球就会停在那里，不上升了。爱弥儿想要留着这个气球，那我们把那个也吹大，然后把它放飞吧！怎么样？"

于是又吹了另外一个氢气球，那个气球一下子就飞到了天上，一会儿就不知道飞到哪里去了。可是又因为氢气和空气会在气球内外相互交换位置，气球的重量会越来越重，超过空气之后就会降落，因此它飞得再高也有落下来的那一天，只是不知道会被风吹到哪里落到哪里而已。

喻儿问："如果没有橡胶气球，就像爱弥儿玩的那个，我们可以用什么代替它吗？比如说猪的膀胱？我自认为那个东西本身就像个气球，而且还很容易得到。"

"当然，如果没有其他的东西的话，它也可以。不过虽然猪膀胱在形状和外皮上都很有优势，不仅大而且结实；但是因为它表面总有一层脂肪附着着，这就使氢气球的重量增加了不少。我们总是说气球的外皮还是薄一些好，这样不会减小氢气的上浮力。一升的氢可以支撑住不超过 1 克的重量，如果猪膀胱可以装 4 升氢气，这些氢气可以支撑住的重量不超过 4 克，否则气球就不会上升。我们要是决定把这样的气球放到天上，首先要解决的是把上面的脂肪除去，使它的重量减轻。不过要小心不要把膜给弄破了。"

"上面的实验已经证实了氢气比空气要轻，接下来我们再做几个实验，验证一下氢和空气混合在一起，会有什么样的性质。这是一个容积不到 0.25 升的小瓶子，瓶颈长一些，现在我往里面倒进去一些水，大约是三分之一，之后把它倒扣过来，放在水盆里面。那么此时瓶子里面的空气有三分之二，水占三分之一。再往制造氢的瓶子里面加一些硫酸，通过弯曲玻璃管把生成的氢输送到长颈小瓶子里面。随着氢气的注入，里面的水会被挤压出来，当瓶子里都是气体之后，里面的气体就是空气和氢的混合气体，比例是 2 ： 1。我把瓶子用塞子塞住，然后再用毛巾把它包好，只把瓶颈露出来。"

叔叔说着就把瓶口对准桌上燃烧的蜡烛，把瓶塞拔了出来。就听到一声巨响，把孩子们都吓了一跳。

爱弥儿很快反应过来，高兴地大声叫着："哇，真厉害，就像气枪一样，再做一次好吗，叔叔？"

保罗叔叔又做了一回，先在瓶子里面装上氢和空气的混合物，然后放出"枪声"。氢和氧混合的比例不同，最后发出的声音高低也不同。有的像枪声，声音很大也很短；有的像小狗的叫声；有的乱糟糟的听不出什么来。爱弥儿很喜欢听这些声音。

叔叔说："你们听到这种气枪的声音，是不是就知道了氢气和空气的混合物是一种爆燃物，遇到火之后，会发生爆炸。虽然你们的眼睛看不到这种混合物，可是它的力量还是可以预想到的。如果出口非常小的话，会把装它的东西炸烂的。我之所以用毛巾包着瓶子，就是为了预防它爆炸。我之所以选择这么小的一个瓶子，也是这个原因。瓶子大，它的爆发力也就大，危险会更高。"

"空气是氧气和氮气的混合物，一种性质活泼一种不活泼。氢气会爆发和氮气应该没有什么关系，氮气本身占有的大份额和它不活泼的性质，可能还会起到缓和作用。以此推断参加这一爆燃的只是空气里面的那些氧气。那么要是把氮气去掉，把纯氧气和氢气混合在一起，爆燃的效果会更加厉害。我已经准备好了这些东西，早上我已经提前制造了一瓶子氧，现在就倒扣在那个水盆里面。做这个实验之前，我再提示一下，氢和氧混合的时候保持 2 ： 1 的比例，爆发的声音是最响亮的。

"我往一个广口瓶里面加满水，打算用它来装混合气体。把瓶子倒扣在水盆里，可以用刚才的小瓶子衡量，先转移进去一瓶氧气，然后再转移进去两瓶氢气，就做好了爆燃物。眼睛看起来，里面什么也没有，其实现在里面装的是一种很危险的爆燃物，一不小心遇到了火，马上就会爆炸，我们也会受到很大的伤害。你们要是做这个实验的话一定要记好了——虽然准备了救急的水，也不能保证确保无虞。这种东西不论干燥还是湿润，就是在水里面，也不会减轻它的爆发力。"

"我把大瓶子里的混合气体用漏斗转移到水里的小瓶子里，拿出来后用塞子塞住，为了预防瓶子爆炸，还用毛巾好好包住。好了，注意了啊，我现在就要把瓶塞打开，靠近蜡烛的火焰了。数三个数，1、2、3！"

"3！"孩子们也跟着数着。

砰的一声！这哪里是枪声啊，分明是炮声啊！整个屋子都被震得轰轰直响。

爱弥儿也吓得跳了起来，大声说："这简直太稀奇了，眼前的东西发出的声音居然可以这么大，我如果知道这么大声，应该捂住耳朵的。"

"这个实验本来就不是让你看的，而是让你听的啊！你要是捂住了耳朵，就听不到真正的声音了。所以不要担心，如果有问题我是不会做这个实验的。"

每放一次枪，蜡烛都会被吹灭，所以叔叔又把蜡烛重新点着了，再做一次这个实验。这一次爆发，把窗户上的玻璃震得哗啦啦直响。爱弥儿这次已经不害怕了，一直关注着实验的每一步，发现从瓶口喷出了一条火焰，有一米长呢！接着又重复了几次实验，爱弥儿已经主动要求叔叔让他拿瓶子，自己操作了。

叔叔说："当然可以了，不用担心有危险，因为我已经做了好几次实验了，这个瓶子一点事都没有，这就说明它可以承受住这个爆发。当然为了安全起见，还是要用毛巾包住才好。"

于是叔叔把小瓶子装好氧和氢的混合气体之后，由爱弥儿抓住瓶子，他摆出一个炮手发射炮弹的姿势，完成了实验。后来喻儿也亲自做了这个实验，把那些混合气体都用完了。

"好了，我们的炮弹已经用完了，不能继续放玻璃炮了。接下来我们研究一下氢气在氧气里面燃烧，生成的到底是一些什么。氢气和氧气的混合气体爆发的时候，两者之间就发生了化合反应，冒出一道不容易发觉的火焰来。它们生成了一种新物质，是一种看不到的气体，要想研究一下到底是什么东西，需要先把它收集起来。可是如果按照刚才的实验步骤，制造这种物质有两个困难。一个困难是混合的气体太多的话，爆发力就会很大，危险系数比较高。另一个困难是生成的新物质一下子就喷射在了空气里，不容易收集。因此我们需要让氢和氧的化合反应进行得慢一些，这样的话，需要有一根管子，不断冒出氢气，我们点燃它之后，它就会慢慢燃烧了。

"我们现在就准备吧！这个装置和吹肥皂泡的装置是一样的，只需要把直玻璃管换成尖口玻璃管就可以了。如果要做尖口玻璃管，可以在酒精灯上面，把一根玻璃管的中间位置慢慢加热，烧软了之后，慢慢把管子拉长，这样中间烧软的地方就很细了，之后用锉刀把它从中间切断，就可以做成两个一样的尖口玻璃管了。"

叔叔准备好所有的工具之后，接着说："我现在在瓶子里放进水、锌、硫酸，尖口玻璃管里就会冒出氢气来，然后在管口点火就可以了。提前需要考虑好，氢气和空气的混合物有爆发力，这个我们已经清楚了。此时尖口玻璃管里冒出来的氢气，里面还有瓶子里面原有的空气，因此如果现在点火，里面的东西就有把瓶子炸烂的危险。估计轻一些的话，木塞会弹出来，里面的液体溅到我们衣服上，会把衣服腐蚀掉，留下红色斑块。要是不幸溅到眼睛里，那可不得了啊，眼睛会失明的。所以我要提醒你们，如果自己制造氢，务必要小心这种危险的混合物。点火的时候，一定要时刻观察，看看里面有没有空气混进去。"

"因此现在的实验里，最开始冒出来的氢里面，会混有一些空气，我们需要等一会儿，让它跑掉再点火。那么如何知道里面的空气跑没跑掉呢？这就需要肥皂水来帮忙了。蘸一点肥皂水滴在尖口玻璃管的出口处，如果吹出来的肥皂泡可以飞到上空，就可以证明里面已经没有空气了，或者说里面的空气已经非常少了。不过为了保险起见，我们还是把瓶子用毛巾包好。我现在拿一张纸，点着之后慢慢靠近玻璃管出口，瞧，氢马上就燃烧了起来，有比较淡的黄色火焰。刚刚点的时候没有爆发，现在危险就已经排除了。里面的空气都被赶了出来，现在冒出来的是纯氢气，毛巾现在已经没有用了，我把它解下来吧，这样可以更清楚地看到瓶子里面发生了什么。"

"氢燃烧之后，发出淡淡的黄色火焰，看起来有些暗，但是温度却是极高的。你们可以试一试。"

孩子们把手指慢慢靠近火焰，马上缩了回来。

"哎呀，真是不得了，看起来这么暗的火焰居然有如此高的温度。"

"氢是最好的燃料，铁匠曾经让我们看到的事，你们还有印象吗？"

"是在炉子里的煤上面淋水，赤热的铁就变成白热的那件事吗？"

"没错，就是那件事。燃烧的煤分解了水，就得到了氢，氢燃烧之后热量极高。"

"用这个小小的火焰可以把一根铁丝烧红吗？"

"哦，可不仅是烧红那么简单，可以烧到白热的程度。我现在就把铁丝的一端放到火焰上烤，你们瞧，很快就有强光冒出来，这和铁匠利用淋湿的煤来烧铁是一个道理。

"氢还有一个更有意思的不太重要的特性，那就是它的火焰是会歌唱的。我先准备一些合适的乐器，你们很快就会见识到的。选择的乐器是细细长长的玻璃管，当然短一些粗一些的也可以，只是发出的音调不一样。短粗的管子发出的音调比较低，细长的管子发出的音调比较高。如果一时找不到合适的玻璃管，也可以找替代品，比如说日光灯的灯管，用厚一些的纸卷起来做成管状也可以。准备的时候最好各种长短粗细的都备一些。这样的管子，我已经准备好了很多，里面只有一根是玻璃管。"

说完这话，叔叔就投入到实验中了。他将玻璃管竖着放在火焰上面，里面就发出了和管风琴一样的声音，如果上下移动那根管子，声音就会发生变化，一会儿高亢，一会儿低沉，一会儿颤音，一会儿平和，既有静默的祈祷，又有赞扬的颂歌。之后叔叔把准备好的其他管子——试了一遍，长短粗细各异，纸质金属都有，音乐里面的所有音符都展示了出来。

孩子们听了这首乐曲之后，感慨地说："哇，多么稀奇的乐曲啊！如果我们的小狗也在，会迫不及待地加入到这个热闹的音乐会中。我们快去把它找来啊！"

小狗找到了，那个小家伙还以为又有好吃的了呢，高兴地跟着就跑来了。走近一听到那些声音，马上狂吠了起来。爱弥儿和喻儿高兴地哈哈大笑，叔叔也禁不住笑了，赶紧说："赶快把它弄走，继续留在这里我们的课就别上了。"

小狗被赶了出去，屋子里安静了下来，叔叔接着说：

"我做这个实验不是为了让你们哈哈大笑的，你们应该清楚。这个实验有一个严肃的目的，我马上就会讲。现在我先回答你们心中的疑问，那就是解释一下氢气的火焰为什么会歌唱呢？瓶子里面的氢气顺着管子往外冒的一瞬间，会和外面的空气接触，发出轻微的爆破声，此时就会连带着震动到放在火焰上面的玻璃管里的空气。这玻璃管中空气在震动，也就产生了声音进入到我们的耳朵。

"我们不管这个，先检查一下氢气燃烧之后到底生成了什么。我把那根玻璃管拿来，在一根棍上面绑一些吸水纸，用这个把玻璃管里面擦干，继续重复刚才的实验。这次你的注意力要放在玻璃管里发生的变化，不要注意声音。很快就看到玻璃管里蒙上了一层薄薄的水汽，越来越浓，最后凝结成了几个无色的水滴，顺着管子流了下来。那些水滴就是氢气燃烧之后的产物——氢和氧的化合物。单看外表，很像水，不过我们可以先尝一下味道，再下决断。"

"眼前还有一个问题就是，这个管子太细了，里面流出的液体太少，沾湿手指都费劲。我们先要改良一个设备，用广口瓶代替玻璃管重新做一下这个实验。好了，我现在把瓶子里面擦干，套在火焰上面，你们瞧，水气又出现了，越来越浓，凝结成了水滴的样子流了出来。只要时间长一些，我们就可以收集到很多这样的水滴，手指就能蘸到了。"

就这样又燃烧了一会儿，叔叔轻轻摇了一下瓶子，就看到很多凝结了的液体慢慢流到了瓶口。在叔叔的指导下，两个孩子用手指接住那液体放到嘴里尝了尝。

"没有什么特别的味道，既没有颜色也没有气味。我怀疑这就是水。"喻儿说。

"你不用怀疑，它就是水。这也是我实验的目的，让你们明白燃烧之后的氢气就变成了水，这是氢和氧化合的产物。人们总说水能克火，其实水是由最易燃的氢和唯一助燃的氧化合而成的。化合的时候氢和氧的比例是 2：1。现在你们知道了吧！我用两瓶氢混合一瓶氧得到的混合气体，为什么可以发出那么大的响声。因为它爆发的时候产生了一点点水，在高热的环境下，水以蒸汽的形式迅速冲出了瓶子，同时爆发出响声。你们或许觉得这么大的声音一定是很多的水造成的，其实不然，水也许只是一小滴。有数字可以计算一下，要制造一升的水，要用掉 1860 升这样的混合气体，里面包含 620 升的氧气和 1240 升的氢气。这样我们就推出了眼前容积只有 0.25 升的混合气体生成的水有多么渺小了。氢和氧结婚了，生出一滴水来，不过这个婚礼的动静可是够大的！"

"我们再来说说硫酸和锌制造氢的理由。硫酸是硫的氧化物溶于水的液体，包含氢、氧和硫三种元素。硫酸锌呢，单看名字就知道是一种盐，这种物质很容易溶于水，因此我们看不到它。氧和硫走了之后，氢就没有了结合的对象，只好单独行动了。

"我们再看看那个瓶子，制成氢的活动现在已经停止了，里面的锌已经全部变成了盐溶解在水里，还有一些黑色的物质，没有什么化学作用。我们把这个瓶子放在角落里，让它沉静一会儿，一会溶解在水里的盐就会结晶，变成一种有刺激味道的白色沉淀，也就是硫酸锌。"

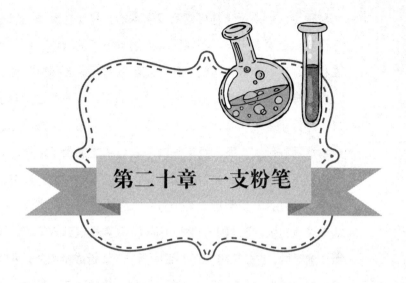

第二十章 一支粉笔

"孩子们，今天我们不会听那响亮的气枪声，也没有了奇妙的音乐，不会看那厉害的火焰，也没有了氢和氧婚礼的礼花礼炮。今天的课是安静的，但是又是重要的。煤和木炭燃烧后会变成什么呢？这个问题一直困扰着我们。当它在氧气里面熊熊燃烧的时候，我们已经深深记住了它的表演。这个燃烧过程里面有一种新的气体产生，眼睛看不见，它就是我们常说的二氧化碳，是碳酐气体，我们前面提到过。和其他的酐相同的是，它的水溶液碳酸，也可以使蓝色试纸变成红色，只不过颜色要淡一些。我们平时总能听到二氧化碳的名字，可是至于二氧化碳到底是什么样子的，有什么性质，还是不了解。那么我们现在就来研究一下它。首先，我先带着你们学习一下，如何去认识它，怎么样制造出二氧化碳。

"这里是一块石灰，我在上面撒一些水，它就会发热，继而慢慢裂开，直至碎成粉末。我继续给它加水，将它搅拌成黏稠的糊状。你们应该学过了，虽然量很少，但是石灰是可以溶解于水的。我现在操作的就是制造一些石灰水，上面要保证清澈干净，不保留一点溶解不了的石灰。好，我要过滤一下这石灰糊状物，用一个垫着滤纸的漏斗就可以完成。要想分开两种粗细不同的物质，可以选择筛子，这样细的筛到了筛子下面，粗的留在了筛子上面。滤纸本身就是一种筛子，上面有很多细小到看不到的小孔，这样就可以把没有溶解的大颗粒物质留在纸上，而已经溶解的小颗粒物质筛到了下面。如果一种液体里面有沉淀或者杂质，滤纸是很好的选择，通过滤纸可把它过滤干净。这种滤纸其实就是一种纸片，呈圆形，有大有小，药店里有卖，卖仪器的地方也可以买到。如果没有滤纸，用中国的棉纸也可以，只要是遇到水不破，有细小的孔的都可以。操作的时候，首先要将圆形的纸对折一下，折成半圆形，再对折一下，折成扇形，然后继续对折，一直折到不能折了，把它稍微展开一下，就做好了一个纸漏斗了，还有褶皱。把这个纸漏斗套在一个玻璃或者金属的漏斗里，然后把外面的玻璃漏斗插在瓶子里，这个瓶子用来装过滤好的液体。

"这样我的过滤器就准备好了，现在把和好的石灰糊倒在里面过滤一下。看啊！这些东西又黏稠又浑浊，经过过滤之后变得就像清水一样，又清澈又干净了。滤纸能将已经溶解的石灰和没有溶解的石灰分离得这么彻底，真是太厉害了。看起来，那些过滤后的液体像清水一样，其实里面早就溶解了石灰。这就是石灰水，我们会用它来做二氧化碳的实验。

"首先我们燃烧一些木炭，生成一些二氧化碳。看这两个瓶子，大小相同，里面现在都是空气。我在其中一个里面放进去一小截燃烧的木炭，一直让它燃烧殆尽。这样里面已经有了一些二氧化碳，量不多。二氧化碳是无色透明的气体，因此我们是看不到它的，不过石灰水可以帮助我们验证。我往瓶子里倒两勺石灰水，再摇晃一下，你们瞧，里面的石灰水已经变成了浑浊的白色液体。那么这是因为二氧化碳的缘故吗？解决这个疑问只需要搞清楚另外一个装有空气的瓶子能不能把石灰水变成白色。空气就是氧和氮的混合气体，我们做了这个实验之后才好下决断。我现在再往装有空气的瓶子里加一些石灰水，摇晃一下，看看里面的石灰水有什么变化吗？一点变化也没有，还是和清水一样清澈干净。那么我们就可以推断出氮和氧不会让石灰水变色，那么能让它变色的就是二氧化碳了。

"石灰水可以作为辨别二氧化碳和其他气体的工具。如果有一个瓶子，里面装有某种不知道的气体，我们可以用石灰水来验证一下它是不是二氧化碳。摇晃之后澄清石灰水变浑浊的就是二氧化碳无疑。如果没有变浑浊就可以排除二氧化碳的可能性。我们有时候无法察觉到炭的燃烧，这时候可以用石灰水来解决。石灰的这一特质以后还有用处，一定要刻在脑子里——石灰水遇到二氧化碳就会产生白色浑浊。

"现在我把这里面已经变成白色浑浊的液体倒在玻璃杯里面，把这个杯子拿到光线强一些的地方，对着光照一下，就可以看到里面飞舞着很多白色的细小颗粒。把杯子放在一边不要动它，一会儿之后，里面的细小颗粒就会沉到水底，上面的液体又恢复了清澈。倒掉上面的液体，留下杯子底部的沉淀。看看这些沉淀到底是什么呢？看起来有些像面粉，或者是淀粉白垩粉之类的东西。没错就是白垩粉，和制造粉笔的物质是相同的。

"如果你们认为这种东西就为了制成在黑板上面写字的粉笔的话，那就错了。因为燃烧了木炭，溶解了石灰，只为了制造粉笔的话，这个造价也太高了。我们常见的粉笔是用天然生成的白垩粉制成的，把杂质去掉，加水和好，用模具压出长长的圆柱形就可以了。现在这些白色物质是人工制成的。二氧化碳遇到石灰水之后就和里面的石灰生成了一种盐——碳酸钙，也叫做碳酸石灰。

"碳酸和石灰生成的碳酸钙，在自然界中的形态是不一的，有粗有细，有硬有软。那种质地比较粗糙柔软，结构疏松易碎的就是白垩；而另一种质地粗糙但是坚硬的就是石灰石、铺路建房的石头；还有一种质地坚硬又细致的就是大理石。虽然看起来这些石头无论是外形、质地、名称还是用处都不一样，不过它们本质上都是一样的东西——燃烧后的碳和石灰化合的产物。化学不看物质的外形，只关注它本质上是什么，因此这些石头都可以统一叫碳酸钙。在需要的时候，从白垩、石灰石或者大理石里面，也是可以制造出二氧化碳的，就和燃烧的炭制造出的一模一样。

"综上所述，我们知道要想得到二氧化碳，不一定非得用燃烧的炭，几个小石头子也可以完成。不了解化学的人认为化学就是一种魔术，打乱了我们常有的思维。你需要最好的燃料，那么去水中找吧！你需要燃烧的木炭生成的气体，那么去石头子里找吧！

"白垩里面含有碳元素，最黑的物质从最白的物质里面生成。那么爱疑问的爱弥儿都确信了这个事实。我刚才做实验的时候，燃烧的木炭就是碳构成的；生成的二氧化碳是碳和氧化合的产物；二氧化碳遇到石灰水之后，又生成了飞舞在水里白色的小颗粒，又变成了白垩。白垩里面含有碳元素没错，只不过是燃烧之后的碳，碳已经和氧紧紧拥抱在了一起，要想让它重新燃烧起来，需要把氧赶出去才行。那么白垩就是一种无法燃烧的物质。还有一些含有没有燃烧过的碳的物质，依然是可以燃烧的。举个例子，比如说蜡，用来制造蜡烛的，外边看起来蜡是白色的，其实里面有大量的碳，蜡烛燃烧的时候有时会冒出黑色的烟来，就是这个原因。就算不考虑黑烟的问题，我们也能通过别的方法证明它含有碳。只需要点燃蜡烛，然后检查一下燃烧的时候生成的气体有没有二氧化碳就可以了，很简单。如果确实有碳的话，就可以证明蜡烛里面含有碳了，好了，我们马上做这个实验吧！

"我先往瓶子里倒满清水，然后全部倒出来，这样瓶子里装的就是空气了。把点着的蜡烛插在铁丝上面伸进瓶子里，一直燃烧殆尽，熄灭了为止。此时这个瓶子里生成二氧化碳了吗？石灰水可以告诉我们。现在往瓶子里加入一些石灰水，摇晃一下，石灰水变浑浊了。这就证明蜡烛在燃烧的时候生成了二氧化碳，也验证了蜡烛里面有碳。

"我们继续举个例子，我们常见的纸里面也有碳，可以取一张纸，燃烧之后看看它的灰烬是什么样色，灰烬是黑色的，也就知道里面应该有碳。不过没有亲自实验过，还是不要随便下结论。外形总是有迷惑性的，看起来是黑色的物质不一定是碳。取一个装满空气的瓶子，把纸卷成条状放到瓶子里面，点着之后注意不要让灰落到瓶子里，往瓶子里加一些石灰水，石灰水马上就变成了浑浊。这就表明瓶子里面生成的正是二氧化碳，也就证明了纸里面含有碳。都是它们自己告诉我们的。

"和蜡烛燃烧之后冒出的黑烟是相似的情况，纸燃烧之后生成的黑烟和最后留下的灰烬，感觉上就是碳。它们外表看虽然是白色的，内部却都含有黑色的碳。有一种特殊的液体没有含有碳的迹象，它是无色透明的，但是散发出刺激的气味，我们可以以此推断出它不是水。它非常容易燃烧，燃烧之后的火焰没有烟。这种物质就是酒精。它里面有没有碳呢？检验一下燃烧后的产物，既没有黑色的烟，又没有黑色的灰烬，完全找不到碳的踪影。看来只有派出石灰水来验证了。用小杯子装一些酒精，把铁丝弯成一个套子，套住小杯子，点着之后把它伸进瓶子里，里面是空气。里面的酒精燃烧停止之后，加入一些石灰水来检验一下。看，石灰水变成浑浊了，这样我们就可以肯定这种无色透明的液体里面含有碳，而碳本来是黑色不透明的。

"我们用一样的方法实验很多种物质。只要这种物质燃烧之后生成的气体可以让石灰水变成浑浊的白色液体，就说明它里面含有碳元素。我反复地说这一点，也是想让你们记住，不要单从外观简单判断一种化合物的性质。我们的实验已经证明了一种物质的外表看起来不会有碳，可是其实是有碳的。我们再来关注一下小石子产生二氧化碳的事情。

"白垩、大理石和所有石灰石里面都含有二氧化碳，碳酸本身是一种弱酸，如果遇到了比它强的酸，就会赶紧让出自己的地盘。那么我们只要在石头子上面倒一些强酸，里面的二氧化碳就会迫不及待地跑出来。加进去的强酸把二氧化碳挤走之后，就和石灰反应生成一种全新的盐。举个例子，如果加入的是硫酸，碳酸盐就会变成硫酸盐；加入的是磷酸，碳酸盐就会变成磷酸盐。无论加入的是哪一种比碳酸强的酸，二氧化碳会跑出来已经是毫无疑问的了，表现在石头子上面的就是会有很多的气泡冒出来。

"这个实验效果很有观赏性。我们就拿刚才人工做好的白垩粉来做一下实验吧！你们看这些白垩粉还有些湿润，没有干透，不过这不会影响到实验的成败。我先在这些白色物质上滴上一滴硫酸，然后就可以看到这些物质好像沸腾了似的，冒出了很多的气泡。这些气泡里面就是给硫酸让地方出来的二氧化碳。我们再取一些天然的白垩粉，用在黑板上写字的粉笔就可以。我准备了一支粉笔，用一根细玻璃棒蘸了一点点硫酸滴在上面，很快硫酸滴到的地方就冒出很多气泡，这同样是被硫酸赶出来的二氧化碳在搞鬼。

"我之前就说过，这些白色粉末和白垩粉是同一种东西。实验也证明了这一点。它们遇到强酸就会冒出很多气泡，生成相同的气体，如果我们做一个大规模的实验，把这些气泡里的气体收集起来，检验一下，也是很容易的。它们不仅是表面现象一样，内部的成分也是相同的，也就是说它们是完全一样的物质。

"相同的物质还有石灰石，我们应该如何鉴别一个石头子是不是石灰石呢？我们想要找到一种可以制造出大量二氧化碳的石头子，供各种实验用，因此这是迫在眉睫的事情。强酸是鉴别石灰石最好的帮手。我们只需要一滴强酸就可以解决这个问题。这里有一块石头子，是我从河边捡到的。我现在在上面滴上一滴硫酸看看，什么也没有发生，一个气泡都没有，这就说明这个石头子里面不含二氧化碳，不是碳酸盐，也就不能用它制造我们需要的气体了。那就扔掉它吧！这一块石头也很坚硬，我们再来实验一下。滴上硫酸，马上冒出气泡，这就表明它含有二氧化碳，是碳酸石灰，即石灰石。对各种石头子不熟悉的人，是很难从外观上分清楚哪个是石灰石，哪个不是石灰石的。那种情况下就可以用我刚才用的方法哦！"

爱弥儿说："上面的方法还是很容易操作的。只要遇到强酸会产生气泡的石头就一定是石灰石，反之就不是石灰石。产生气泡的石头里面有二氧化碳，反之就没有二氧化碳。"

"没错，我还要说一件事——我之前说过石灰石是一种碳酸盐，叫做碳酸钙，不过碳酸盐除了碳酸钙还包含很多种，如一些金属铜、铅、锌等等，都有自己的碳酸盐，有的还不只一种。自然界中碳酸钙的分量占得最多，肩负的责任也很大。也因为这个原因，我才专门讲一下它。碳酸钙构成了大部分的泥土，很多高大的山川也是石灰石。不管自然界中出产多少，所有的碳酸盐遇到强酸都会冒出二氧化碳气泡。不会产生二氧化碳，就不是碳酸盐了。根据碳酸盐的这个特性，我们马上就会学到新课。

"取一个杯子，在里面放一些柴火灰，从炉灶里面取就可以。我要是问你们这些是什么东西，你们一定不知道。无论是从外形上看、从味觉上尝还是从嗅觉上闻，都没办法确定它是什么。我们可以用一个小方法巧妙地解决这个难题。我滴一点点酸到灰上，马上就有气泡冒了出来，这样我就可以判断这里面一定有着一种东西，是什么呢？你们谁来回答。"

爱弥儿赶紧回答："是碳酸钙！"

"我认为爱弥儿说得太着急了。不管哪一种碳酸盐遇到强酸都会产生气泡，不能确定一定就是碳酸钙，只说明里面有某种碳酸盐，至于是哪一种还不知道。"喻儿慢条斯理地说。

"喻儿说得很好，这灰里有碳酸盐已经确定了，不过不是碳酸钙，而是一种不太常见的金属——钾的碳酸盐。刚才做的实验并不能告诉我们，灰里含有什么金属元素，不过可以告诉我们里面一定有碳酐，故会产生二氧化碳。所有的化学家都是依靠各种各样是实验来研究物质的性质的。你如果拿着一块石头，或者一把土也可以，也或者其他别的什么物质，把它交给化学家做个检验。他会用一种化学药品做个实验，然后告诉你里面有铁元素；再用另外一种化学药品做个实验，再告诉你里面有铜元素；继续用第三种化学药品做个实验，告诉你里面有硫元素，一样一样试下去，最后把里面包含的所有元素都检验出来。里面的铁、铜和硫眼睛是看不到的，做这些实验的时候也是看不见的。那么化学家们是怎么知道里面有铁、铜、硫的呢？那是根据这种物质和实验试剂之间发生的反应推断出的。一块白色的大理石遇到了硫酸之后，就会冒出气泡，我就知道它里面有二氧化碳，也就有碳元素存在。化学家们也是这样，不单纯用眼睛看，而是根据实验结果判断一种物质里面有什么元素。

　　"我们现在准备一下，要制造一些二氧化碳出来。我准备了很多碎块石灰石。把一些石头子先放到瓶子里，然后往里面加一些水，用于稀释随后加进去的强酸，以便减缓气体生成的速度，气体如果放出的速度太快，就不容易掌控。这个实验用到的酸和刚才用的硫酸不一样，这是因为碳酸钙和硫酸发生化学反应之后会生成硫酸钙，也就是熟石膏，而熟石膏是不能够溶于水的，就会包裹住石头子，本来的化学反应也会受到阻碍，不能继续。那样的话气体的生成也就会被迫终止。这个实验如果那样进行的话，就没办法顺利结束了。如果要保证气体可以自由地释放出来，就要保证石头子不能有障碍物遮挡。简单地说就是，新生成的化合物要在生成的同时，不会阻碍反应物继续发生化学反应。那就要求这种新化合物要溶于水，因此我们选择盐酸来实验。"

　　爱弥儿问："你刚才说的是什么酸？"

　　"盐酸。"

　　"你不是说在制造某种酸的非金属名称后加上酸字，就是某种酸的名称吗？这个盐酸，前面是盐字，可是非金属里面没有盐啊，到底为什么呢？"

　　"我这么解释吧！首先，盐酸是用食盐制造的，因此叫做盐酸。这就和硝酸是用硝石制造，叫做硝酸是一样的。再有盐酸和之前提到的非金属氧化物溶于水形成的酸——如硫酸、碳酸、磷酸不一样，之前提到的酸，都含有氧，盐酸是不含氧的酸。盐酸是氯气和氢气化合的产物，用化学命名法叫氢氯酸，而人们已经习惯称它为盐酸了，我们也就还叫它盐酸这个名字吧！食盐、氯酸钾和氯酸里面都含有氯这种非金属元素，你们要记好这一点。上一次我们已经讲解了氢，这里就不细说了。"

　　"盐酸，也就是氢氯酸是一种黄色的液体，有强烈的酸味，在空气里面会挥发出有辛辣刺激味的白烟。我在装有水和石灰石的杯子里面倒进去一些盐酸，石灰石就会冒出很多气泡，里面的二氧化碳就释放了出来。我们下一节课的时候会详细讲这个化学反应。"

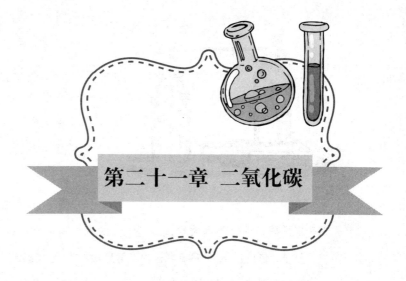

第二十一章 二氧化碳

　　"昨天的课上，我们已经讲解了石灰石里面有大量的二氧化碳，也讲了只要加一些强酸就可以把石灰石里面的二氧化碳释放出来，当然最好的选择是用盐酸，可以保持石灰石周围没有阻碍继续反应的物质。我们今天主要的授课内容就是怎样从石灰石里面收集到二氧化碳。和制氢的装置是一样的，需要准备一个广口瓶和相应的软木塞。软木塞上面钻好两个孔，一个插一根直玻璃管，一直插到底部，玻璃管上面再加装一个小玻璃漏斗，如果没有合适的玻璃漏斗，也可以用一个折成锥形的纸代替。这个漏斗是为了方便往里面慢慢加盐酸用的。另一个孔里插一根弯曲的玻璃管，以便把里面的气体导出来。

　　"这里就有一个符合要求的广口瓶，还有一个有两个孔的软木塞。我先往瓶子里面放一些非常硬的碎石灰石。石灰石里面有一些杂质，会让液体浑浊，所以有大理石的话，最好用大理石，不过我现在没有，就用石灰石代替，对实验不会有太大的影响。我往瓶子里面倒一些水，然后装上瓶塞，插上直玻璃管，

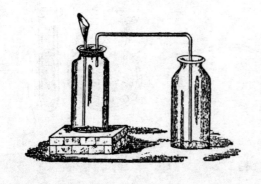

一直插到水面下，接着往漏斗里面慢慢倒一点点盐酸，水里面就有了反应，石灰石里面的二氧化碳已经开始跑出来了。我们可以静等着它们慢慢反应，只需要隔一小会儿，往里面加一点点盐酸，让反应不间断地进行着。"

爱弥儿看到叔叔很随意就把瓶子放在了那里，很焦急地大声说："快点快点，拿一盆水过来。"

"孩子，这个实验不需要水盆，没有它我们也能收集到二氧化碳。"叔叔说。

"可是气体跑掉了怎么办？"

"制造二氧化碳的原料很廉价，操作也很简便，跑掉一点没什么关系的。石头不用花钱，到处都有，这么一点点盐酸，也不会花几个钱。还因为这个瓶子里面原本就有空气，我还要让二氧化碳赶走这些空气呢，所以也就不担心它会跑掉了。"

"此时瓶子里的空气已经没有了，或者说还有一点点。我用弯曲的玻璃管把它和另外一个广口瓶连接在一起，玻璃管的另一端要插到瓶子的底部，用不了多长时间，里面就会装满二氧化碳了。"

喻儿有些怀疑地说："这个瓶子没有盖子，怎么防止二氧化碳跑到外面，也或者空气会钻进去呢？"

叔叔说："放心吧！不会的。二氧化碳重于空气。从弯曲玻璃管里面出来的二氧化碳导入到集气瓶的底部，会把里面的空气排出去，形成厚厚重重的气层。里面的空气被挤出来，二氧化碳也就越来越多，直到装满一整瓶。假设把一杯水慢慢倒进油里面，会发生什么事情呢？水比油要重，那么水就会慢慢向杯子底部靠拢，水加得多的话，油就会被挤出杯子。二氧化碳和空气之间也是这样的。"

爱弥儿说："我明白了，还有一个问题，油和水的颜色不一样，比较容易分辨，而空气和二氧化碳都是无色透明的气体，怎么判断里面的空气都被赶出去了，留在里面的都是二氧化碳了呢？"

"虽然我们无法看到，不过可以让火来帮我们解决。二氧化碳是燃烧的克星，一丝的火星都不能在它眼皮子底下生存。我可以在瓶口点一张纸，如果纸可以继续燃烧，就说明还有空气存在，如果马上灭掉，就说明瓶子里面已经装满了二氧化碳。我们马上付诸行动吧！燃烧的纸片还没到瓶口呢，就已经熄灭了，这就是说里面的二氧化碳已经满到瓶口了。我们现在就用收集到的一瓶二氧化碳来做个实验，刚才的那套装置暂时没什么用了，先放在那边吧。什么时候需要，再往里面加一些盐酸就可以了，那样就又会和石灰石发生反应了。"

"这个瓶子里装的就是二氧化碳，我们刚才从石灰石实验里收集来的。看外表和空气相同，都是无色透明的气体。化学反应把它压缩在了小小的石灰石里，一个核桃大的石头，可以释放的二氧化碳就有几升之多。刚才的实验，我们设法从石头里面把二氧化碳抓了出来，现在我们要把它放回到原来的石头里。我往二氧化碳的瓶子里倒一些石灰水进去，用手紧紧捂住瓶子口，使劲摇晃瓶子，里面的液体很快变成了酸奶一样浓浓的白色。这些白色的物质就是石灰水和二氧化碳反应后的产物碳酸石灰——白垩。有了这个我们就确信，石灰石里面含有二氧化碳。

"里面的二氧化碳已经改变了模样，现在就藏在这白色的物质里，把这些白色物质烘干之后，再压缩，就是石头子。我再用那个装置来制造收集一瓶二氧化碳。一支燃烧的蜡烛如果到了二氧化碳瓶子里会发生什么事情呢？你们说说。"

"应该会和燃烧的纸片一样，马上熄灭。"爱弥儿说。

喻儿又加了一句，说："所有物质都不能燃烧，除了在氧气里或者是空气里。"

做这个蜡烛的实验，果真如他们所说，一到瓶子口，就熄灭了。熄灭的速度比氮还要快。不仅是火焰熄灭了，连上面的火星都一下子不见了。

保罗叔叔说："我们不用做残忍的实验，也可以知道这种气体不能助燃也不能维持生命。动物如果在二氧化碳环境里面会无法呼吸，窒息死掉，就和麻雀在氮气里面的情况一样。我们再来验证一下，二氧化碳比空气要重。收集二氧化碳的时候，不用水盆就已经说明了二氧化碳比空气里。还有一个更明显的证据，我给你们展示一下。

"先准备两个容积一样，口颈也一样的瓶子。右边的瓶子里装着二氧化碳，把蜡烛放进去马上就熄灭了。左边的瓶子里装着空气，把蜡烛放进去继续燃烧。我把蜡烛拿出来，就像把右边瓶子里的水倒到左边的瓶子里一样，把右边的瓶子倒过来扣在左边瓶子上面。虽然看不到瓶子之间气体的流动，但是瓶子之间的气体已经对调了，我们马上验证一下。二氧化碳比较重，于是流到了下面的瓶子里；空气比较轻，慢慢飘到了上面的瓶子里。几分钟之后，两种气体已经相互调换了位置，我们把两个瓶子放回原位，再用蜡烛实验一下。结果表明蜡烛在右边的瓶子里可以继续燃烧，也就表明里面的二氧化碳已经变成了空气，可以维持蜡烛燃烧。在左边的瓶子里蜡烛一下子就熄灭了，也就表明里面的空气已经变成了二氧化碳，不能维持蜡烛燃烧。这样我们就知道了，两个瓶子里的气体已经对调了。

"我还要说的是，经常有二氧化碳从地面跑出来的地方，有那么几个，一般在火山的附近。和喷水泉一样，地上也有喷二氧化碳泉。最有名气的二氧化碳泉在那不勒斯附近的朴查利，叫屠狗洞，好奇的游客可以参观游览。屠狗洞是一个山洞，里面的空气潮湿温暖，地上的泥土不断冒出大量的气泡。

"有一个人专门管理着屠狗洞，为了让游客们掏腰包，他总是把狗绑住放到洞里面，同时他也站在洞里。虽然看起来洞里面没有什么危险，既没有刺鼻的毒气也没有碍眼的烟雾，那个人也没有什么异样。可是这个游戏又是非常危险的。因为那只被绑的狗不断发出呜呜的叫声，四肢抽搐起来，眼睛也没有了神采，最后头也耷拉了下来，应该快要死了。这个时候那个人就会把它抱到外面去，解开捆绑的绳子，让它自由呼吸一下新鲜的空气，过了一会儿，那只狗慢慢醒了过来，起初只是伸了几下腿，后来大口呼吸着，最后站起来逃也似的飞奔走了，怕再遭受一次这样的遭遇。

"那只狗是在配合它的主人表演吗？刚才的死是假装的？完全错误，那只狗刚才就是濒临死亡了。可能每一天它都要忍受好几次这样的刑罚，经验告诉它，遇到陌生的游人要用急剧的疯狂表现吓唬他们。可是当它的主人用强迫的手段把它捆绑着拖到屠狗洞里的时候，它无可奈何地低下了头。等熬过了酷刑，游客离开了之后，又恢复了快活的性情。

"其实这个屠狗洞没有什么难以理解的秘密。在屠狗洞的地上，不断冒出气泡，这些气泡正是二氧化碳。我们知道二氧化碳是不能呼吸的，动物在里面会窒息死去。而二氧化碳重于空气，因此它会沉在地面附近，构成一个半米多高的二氧化碳层。人在屠狗洞里面站着，二氧化碳在人的膝盖部位。而那只被绑住腿，躺在地上的狗，就置身于二氧化碳层里了。人呼吸的还是上层的空气，没有呼吸二氧化碳，所以感觉很正常，而那只狗呼吸的是下层的二氧化碳，窒息到休克了。如果那个人也躺在地上，估计也会和狗一样窒息休克甚至死掉了。

"地面不断冒出重重的二氧化碳，洞口也就不断往外面流，空气比较平静的时候形成了无法看到的气流，延绵到好几里之外的地方。人们丝毫觉察不出它的存在，却可以用燃烧的蜡烛来检测一下，因为只要燃烧的蜡烛一进入到二氧化碳气流里，就像进入水里面一样，马上熄灭。如果在这气流之外，就可以正常燃烧。这种气流超过了一定距离就会在空气的流动下慢慢散尽。"

叔叔讲完这个故事之后，喻儿开口说："如果这个屠狗洞不是离得远的话，我一定会亲眼去看一看。我要是去了，就用燃烧的蜡烛做个实验，把它靠近地面看看会熄灭吗？一定不让那只可怜的狗再承受这种恐怖的苦难。"

叔叔说："你要是只做这个实验，不到朴查利也可以做。我们模仿屠狗洞的情况自己做一个类似的。用这个广口瓶代替屠狗洞，用制造二氧化碳的装置制造一些二氧化碳，代替地面上冒出的气体。现在我再往这个装置里加一点点盐酸，这样就又会生成二氧化碳了，然后把弯曲玻璃管一直插到另外一个集气瓶的底部，就是代替屠狗洞的那个广口瓶里。这样二氧化碳通过弯曲玻璃管导到了瓶子里，慢慢在底部形成气层，把原来的空气挤了出去。因为空气和二氧化碳都是无色透明的，所以里面已经有了多厚的二氧化碳气层，用眼睛是看不到的。不过我们可以通过制造装置里面冒气泡的情况来猜测一下，看看瓶子里面什么时候装了一半的二氧化碳就撤去弯曲玻璃管，不让空气继续流走。

"好了，现在应该是时候撤走弯曲玻璃管了，此时的广口瓶下半部分是二氧化碳，上半部分是空气，就和屠狗洞当时的情况是类似的。光用眼睛看的话，这两种无色透明的气体，一点都看不出来分界线在哪里。虽然看不到，但是这个界线肯定是确实存在的。

"我把一支燃烧的蜡烛慢慢放入瓶子里，开始可以正常燃烧，就这样慢慢下降下降，忽然好像碰到了什么似的，火焰一下子小了，继续往下面伸，蜡烛就熄灭了，这应该是完全到达了二氧化碳气层里。燃烧的蜡烛在屠狗洞里面也是这样的情况，位置的高低不同，蜡烛燃烧或者熄灭。

"要是此时瓶子里有两个动物，一个高一个低。低的那个动物呼吸的是下半部分的二氧化碳，高的那个动物呼吸的是上半部分的空气。就和屠狗洞中的人和狗是一样的，因为二氧化碳是不能支持呼吸的气体，里面的动物很快就会窒息死亡，空气是可以呼吸的气体，里面的动物没有什么不舒适的反应。"

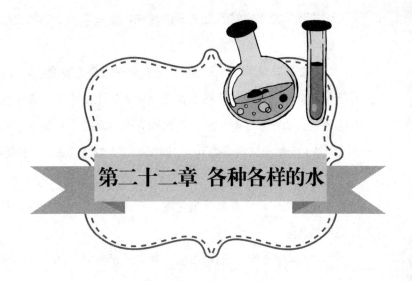

第二十二章 各种各样的水

"如果我们认为化学只是闲暇时间的娱乐活动，认为化学只是一系列的实验，那就错了。镁条燃烧的实验会放出璀璨夺目的光，还有的实验会冒出可以燃烧的氢气。这些表面现象都不是化学的终极目的。化学是一门严肃的学科，和我们周围的一切关系密切。我们今天就来看一下，为什么那些饮料，如汽水、啤酒等会冒出很多气泡。

"当你拧开汽水瓶盖的时候，当你从瓶子里把汽水倒出来，倒到杯子里的时候，都会冒出很多的泡沫。这是为什么呢？汽水里面有很多二氧化碳气体，正是这个原因。同理的情况还有啤酒。"

喻儿说："很多汽水都会有点可以忍受的辛辣，这种特殊的味道和二氧化碳有关吗？"

"说对了，就是和它有关，我们知道二氧化碳是一种弱酸，不过也有酸类特有的味道，只是要淡很多。"

　　"我们把汽水喝到肚子里的时候，也就喝下了二氧化碳，身体健康不会有问题吗？"

　　"要是肺里面吸入太多的二氧化碳是会影响健康的，不过要是喝到胃里面，不仅不会影响健康，还可以促进消化呢！不要忘了二氧化碳是一种酸哦！这种物质对人的呼吸是有害的，不过对胃有利无害。就像水一样，人在水里面是无法呼吸的，如果肺脏里吸到水，时间长了人就会死去，这就是我们说的溺水身亡。可是我们不能否认水是一种非常好的饮料。二氧化碳到胃里面不会有什么害处，和饮料合在一起还有助于消化呢，不过如果长时间呼吸这种气体，就会有窒息而死的危险。"

　　"其实我们饮用的水面里，基本上都含有天然二氧化碳，它参与的化学反应会让我们在喝水的时候获得矿物质，有利于我们的骨骼生长。我们日常生活中饮用的水虽然看起来是清澈透明的，其实都不纯净，里面会有各种各样的杂质，你们看那水壶里面的坚硬水垢就知道了。这种像石头一样的物质在水壶里面附着得非常牢，要想除去它需要用到浓浓的醋。之所以这样难去掉，还是因为它本来就和盖房子用的石头是一种物质——石灰石。这就好像甜水里面溶解了糖一样，多么清澈的水里面都含有石头，只是我们的眼睛看不到而已。"

　　"我们喝水的同时也就把石头吃到了肚子里，我之前可不敢这么想。"爱弥儿说。

　　"应该庆幸我们时不时吃一些石头，因为我们的骨骼发育需要很多很多的石灰石，而对于人体来说，骨骼就像房子的房梁一样。我们的身体自己不会制造石灰石，这些都是靠吃喝的食物供给的。而水是我们获得石灰石最重要的渠道。设想一下，如果水里面没有石灰石，我们也就无法摄取到足够的石灰石，那么我们的骨骼就不能正常发育，无法支撑起我们的身体了。

　　"石灰石是如何溶于水的，只需要一个很简单的实验。这个瓶子里面装的是澄清的石灰水，如果我把制造二氧化碳装置里的弯曲玻璃管伸到这个瓶子底部，里面的石灰水就会变成白色。这是因为二氧化碳和石灰水发生了化学反应，生成了碳酸石灰，也就是石灰石、白垩粉。这个实验一点都不陌生，我们刚刚做过。现在我们继续导入二氧化碳，让它和石灰充分反应，这样有一部分新生成的石灰石会溶于水，我们看到的实验结果就是白色的液体慢慢变得和之前一样清澈了。

"你们瞧，现在那些白色的物质已经不见了，液体也变得清澈了。虽然看着清澈，但是我们心里很清楚，这液体里面已经溶解了一些碳酸石灰。总结一下，含有二氧化碳的水都可以溶解一部分石灰石。

"我再说一件事情，要是把这杯清澈的碳酸石灰水放那么几天，和跑了气的汽水一样，里面的二氧化碳就会慢慢跑掉。里面溶解了的石灰石因为二氧化碳的临阵脱逃，又会变回白色的物质。我们可以在短时间内达到这个效果，不过需要帮它加热一下。液体加热之后，里面的一部分二氧化碳就会被驱赶出来，马上就会看到里面分离出白色的物质。这个实验告诉我们——含有二氧化碳的水都可以溶解一部分石灰石；反过来说，溶解了石灰石的水在空气中长期放置或者加热，就会释放出二氧化碳，二氧化碳走了之后，里面溶解的石灰石也就又重新分离了出来。

"我们提到过，世界各地的大气和土壤里面都有二氧化碳。不相信的话，就想一想工厂里面依靠燃煤发动的机器，想一想厨房里面做饭的时候生成的气体。泉水从泥土里流过，雨水从大气中走过，这样它们就不免会遇到二氧化碳，吸收了一些这样的气体。当它们流过石灰石的时候，就有一些石灰石被溶解了。大自然中的水里面之所以含有碳酸石灰也是因为这。把天然的水放在空气里一段时间，里面的二氧化碳就会跑掉，里面的碳酸石灰就变成了碳酸钙，沉淀了下来，附着在水里的物体上。这也是水壶上面为什么会有"水垢"的原因。

"我们明白了骨骼的构成，也就明白了喝的水一定要含有少量的石灰石。当然也不能太多，否则我们的胃会消化不良的。一升水里面含有 0.1 到 0.2 克的石灰石是最合适的，天然的水里面如果含了超过这个数值的石灰石，就叫做硬水，是不适合我们日常饮用的。

"有些泉水里面溶解了大量石灰石，如果遇到别的物质，很快就会在上面生成一层石状物，这就叫做石灰矿泉。克勒芒斐龙那的圣阿列勒矿泉就是一个有名的石灰矿泉。那里的泉水如果落到花朵、叶子、果实等东西上面，表面就会生成一层像大理石般的石状物。这种水是不能喝的，这是毫无疑问的。"

"那是啊，我们要是喝了这种水，胃里不是会结下很多的石灰石了吗？那样的话就没办法消化了。"爱弥儿赞同地说。

"我们日常生活中用的水，不会有这么多的石灰石，不过有时在洗东西的时候，也会遇到一些困难。根据生活的经验我们知道，水里面如果有肥皂，水就会变白一些。如果是单纯的水，比如雨水的话，溶解了雨水也基本是没有颜色的，因此这不是肥皂的缘故。水里面因为有了肥皂而变白了，那么这水一定有问题，里面含有石灰石。洗涤东西的时候用的水，如果有太多的矿物质是无法洗干净东西的，这样的水溶解的肥皂太少，肥皂无法和污渍发生作用，只能变成小颗粒悬浮在水中，水就变成白色了。

"这样的水不仅不适合洗涤，也不适合做饭，尤其不适合烹饪一些块状的食品。水里面含有的石灰石太多，加热就会在食品外面包裹一层石状物，花费一天时间去煮也没办法煮熟。不适合洗涤的水也不适合喝，喝了这种水，会阻碍消化，在胃里留下很多石状物。

"我再说一个和饮用水相关的性质，这是必需知道的。水里面一定需要溶解一些空气才行，我们烧水的时候，加热一会儿水底就会冒出气泡来。这个温度还不能让水变成水蒸气，所以这些气泡不是水蒸气，而是溶解在水里面的空气受热之后变成气泡跑了出来。溶解在水中的空气是水里面不可或缺的物质，没有了它，水喝起来不会好喝，相反还可能让人恶心或者呕吐。这也是为什么开水刚刚凉温的时候寡然无味的原因。不断流动的水可以和空气接触，溶解更多的空气，因此味道也好，这里面泉水和流水最好喝。而那些静止的水，和空气接触就少，溶解不了大量的空气，还会混杂腐烂的物质，喝起来也就不好喝，还有不卫生的可能。

　　"普通的水里面一般都有一点点二氧化碳，这我已经讲过了。我再补充一下，有一些含有大量二氧化碳的泉水，味道发酸，有时还会冒气泡，叫做发泡矿泉。这种矿泉在医药上面用途比较广，有名的发泡矿泉是赛尔占和维乞。

　　"好了，我们已经讲了很多关于水里的二氧化碳，接下来再来说说碳和氧气化合生成的气体和人类呼吸之间的关系。我为什么没有说'二氧化碳'，而说'碳和氧气化合生成的气体'呢？这是因为碳和氧气化合之后可以生成的气体有两种。一种就是二氧化碳，是碳和氧气完全燃烧的产物，里面含的氧比较多，也叫碳酐。二氧化碳气体是不能够支持呼吸的气体，要是呼吸到的气体一直是二氧化碳，就有可能窒息而死，这个过程只需要几分钟而已。这不是说二氧化碳有毒，我们喝的饮料，如汽水和啤酒里面就有它；我们吃的食物如面包里也有它，面包里有很多的小孔，这些小孔里面的气体就是面粉发酵时生成的二氧化碳；我们呼吸的空气里面也有二氧化碳，只是量比较少而已；我们的身体，也在不断生成二氧化碳，我们呼出的就是这种气体。这就证明了二氧化碳绝对不是有毒的气体。而纯二氧化碳的环境中，人会窒息，主要是因为它不能帮助我们呼吸，不是因为它自己有毒。这也和氮气让人窒息是一个道理。

　　"还有另外一种碳氧化合气体，叫一氧化碳，它的性质可和二氧化碳有着天壤之别。一氧化碳是有毒的气体，哪怕吸入一点点也有害。这种气体是无色无味的，所以即使我们的房间里面有了它，也看不到闻不出，这是很危险的。只有感觉到了危害，才知道它的存在。我们有时候和朋友聊天或在报纸上得知的，一些人因为疏忽或者是没有生活经验，在封闭的房子里燃烧木炭或者煤炭，就发生中毒死亡的不幸事件。导致这些惨事发生的罪魁祸首就是一氧化碳。如果我们吸入了少量的一氧化碳，会感觉到头疼难受，时间长了就会头晕恶心，疲劳失去知觉，继而威胁到生命安全。

　　"我们一定要知道的是，什么情况下会生成这种可怕的气体。一氧化碳其实是碳没有燃烧完全的产物。燃烧的时候通风不好的话，就会缺少大量支持燃烧的空气，这就可能会产生一氧化碳。你们回想一下，煤炭刚刚燃烧的时候是什么样子的？刚开始燃烧的燃料大部分温度都很低，此时的气流也因为温度低而比较迟缓，这时候的燃烧很慢，冒出的火焰是蓝色的，这就说明里面生成了一氧化碳。一氧化碳在燃烧的时候会发出蓝色的火焰继而变成二氧化碳。以后，你们要是看到燃料燃烧冒出蓝色火焰，就知道里面生成了一氧化碳气体。

　　"这样你们就知道了，木炭或者煤炭如果没有充分燃烧，就会生成一氧化碳，要是这种气体不能及时从烟囱排出去，就会跑到我们的房间里，这是一件多么危险的事情啊！如果这个房间恰巧是空间狭小的，门窗又是封闭的，危险系数就更大了。在这样的房间里，绝对不能用没有烟囱的燃烧器具，比如说炭盆、煤炉或者风炉。它们缺乏顺畅的通风，燃烧就会不充分，就会生成有毒的气体，而这种气体又是看不到的，让人无法防备，有时候会毫无知觉地中毒死去。当人站在炭盆或者炉子边的时候，有时候会感到头疼，这就是一氧化碳在提醒我们，为了我们的生命安全，我们要时刻保持警醒。"

第二十三章 植物的工作

保罗叔叔说："我今天讲的故事是关于我的一个朋友的，他被一个很有名气的厨师教训了一顿，你们想知道到底是怎么一回事吗？那是一个过节的日子，他在厨房里看那个厨师做菜。装着菜的锅在灶火上面越来越热，慢慢沸腾了起来，这时候有一股很香的气味从锅盖底下传了出来。"

"我那个朋友就问：'你做的是什么菜啊？'

"那个厨师笑了笑说：'栗子鸡啊！'说完他就掀起锅盖，马上这股香味就传遍了整个屋子。

"我那个朋友夸赞了一番，又说：

'你的手艺是不错，不过有好的食材可以很容易就做出可口的饭菜来。如果不用鱼、肉、家禽、野味，也不用所有的蔬菜水果，就可以做出美味的饭菜，那才是最高超的厨艺呢！你现在做一道菜之前，还得去街上买各种食材，多麻烦啊。好手艺要能用非常普通的食材做出一道无与伦比的菜才可以享受荣誉。'

"那个厨师愣住了，接着大声说道：'你说什么？不用鸡做出鸡的味道吗？既然你这样说，你有这样的本事吗？'

"'我当然做不到了，不过这个世界上一定有这样厉害的金牌厨师，和这样的厨师比的话，你们这样的应该望尘莫及。'

"那个厨师很伤自尊，不服气地问道：'那你能说说他用的是什么食材吗？巧妇难为无米之炊，总不会平白无故就做出菜来吧！'

"'哦，他的食材可简单，就在这里啊，给你看看。'

"我朋友就从袋子里拿出了三个小瓶子，厨师拿起其中一个瓶子，看到里面装着黑色的粉末，闻了闻尝了尝。说道：'这应该是木炭啊，你是耍我的吧！我再看看其他瓶子里装着什么东西，这个是水吧！'

"'说对了，就是水。'

"'那这个呢？里面什么也没有啊！'

"'不对不对，里面装着空气啊！'

"'那可厉害了，看来你很享受吃用空气做成的空气鸡啊，应该很好消化。'

"'是啊，是想吃。'

"'开玩笑的吗？'

"'不开玩笑，是真的。'

"'那他真的可以用木炭、水和空气做菜？'

"'没错。'

"那个厨师鼻子都青了，说：'他可以用木炭、水和空气做一道栗子鸡？'

"'可以啊，百分之百的。'

"厨师的鼻子一会儿青一会儿紫，一会儿又变成了红的，一下子爆发了。他觉得眼前这个人一定是个疯子，专门和他抬杠来了。于是他拽着我朋友的胳膊把他推搡了出去，还把那三个小瓶子统统扔了出去。红色的鼻子慢慢又恢复了正常的颜色。至于用木炭、水和空气做栗子鸡到没有验证一下。"

喻儿说："你的朋友是在开玩笑吗？"

"不是开玩笑，那三个小瓶子里就是做菜的原料，木炭和碳是造成面包、牛肉、牛奶和很多食物的元素，这我应该提到过。你们难道忘了，把一片面包或者牛肉放在火上烤得时间长了，会变成什么呢？"

"哦，我知道的，你朋友说的是事物的本质，也就是它的化学成分，碳是面包的主要原料，另外两种呢？"

"水应该很好理解，烤面包的时候，在上方放一块玻璃，过一会儿你就会发现玻璃上面会出现一层和我们呼出的水汽一样的水汽。这些水汽就是面包里面出来的。这就说明面包表面上看起来是干的，可是它里面其实还包含着水分。要是全部提取出面包里面的水分，一定会吃惊地发现里面的含水量是惊人的。我们吃下一片面包的时候也吃下了很多的水。"

"可是水不是喝吗？怎么是吃呢？"爱弥儿反驳说。

"我之所以用吃不用喝，是鉴于面包里面的水不是湿的液体，而是干的固体，它是不流动的，解不了渴，需要嚼着咽下去。换句话说，面包里的水已经不是水了，而是水、空气和碳的化合物。"

爱弥儿说："关于面包里的水，我听懂了，那另外瓶子里的空气呢？怎么解释它是面包的原料呢？"

"这个证明起来有些困难，三种构成食物的原料，我已经说了碳、水两种，空气的话，只能寄希望于你们对我的信任了。"

"我们当然是相信叔叔你的，你还打算给我们讲什么呢？"

"莫急莫急，继续听吧！既然你们已经相信面包是碳、水和空气构成的，那么这些物质结合在一起，就变成了另外一种全新的物质，本质也发生了改变，黑色的变成了白色的，没有味道的变成了有味道的，没有营养的也变成了营养丰盛的了。

"同样，加热后的肉也可以为我们证明这个事实。肉会变成碳，放出气体，气体里面有水和空气。其他的事物也是这样的结果，我们暂时就不一一研究了。只要可以供给我们食用的东西，都可以变成碳、空气和水。所有来源于动植物的，

大部分都由碳、水和空气构成，例外的很少。我再说得简单一些，碳是一种单质，也是一种元素。水呢，里面包含着氢和氧两种元素。空气包含着氧和氮两种元素，总结一下，植物界和动物界中的一切物质都是由这四种元素——碳、氢、氧、氮构成的。

"我朋友拿的三个瓶子可以构成各种各样的食物，这是可以确信的。而所有美味菜肴最终都可以变成碳、水和空气。鸡鸭鱼肉及所有食物包含的成分就在这几个瓶子里装着呢。化学家可以做到的是把物质分解成构成它的基本元素，不能做到的是把这些基本元素组合起来变成可以吃的美味食物。"

"那你朋友口中的金牌厨师是什么人啊？"

"就是植物啊，特别是草。不管多么豪华的宴会，上的每一道菜肴尽管味道卖相不一样，但是都只用了三种原料。不管是以泥土为食的牡蛎，还是吃各种美食的人，不管是长在泥土里的松柏，还是年糕上面生成的霉菌，所有的东西吸取的原料都是一样的，都是碳、水和空气。不一样的地方在于它们搭配起来的方式。比如说狼和人（人的食物和狼的食物是一样的），都可以从牛或者羊那里，也或者别的动物那里获取碳；牛羊或者其他的动物则从草那里获取碳。草呢，无论是牛、羊还是狼、人，草提供给一切动物吃的东西，因此它才是世界上技艺最高超的厨师。

"不管是狼还是人，在动物的肌肉里面都可以找到由碳、水、空气构成的食物，这些食物精细又美味。同样的道理，牛和羊在草里面也可以找到这样的食物，只是味道没有肉类那么好而已。植物虽然不吃什么精细美味的食物，却可以充当牛羊的美味食物，最终构成美味的肉，这是为什么呢？它是从什么地方摄取的碳、水和空气呢？

"草虽然不以碳、水和空气合成的食物，那些是人类和动物引以为食的东西，但是它的食物其实是天然的碳、水和空气。植物具有一个很奇特的胃，可以消化碳元素，不断吸收水和空气，然后把它们组合成营养品，提供给牛羊食用，牛羊等可以从草身上获取碳、氧、氢、氮等多种元素，然后继续改造成自己的肌肉，之后被人或狼吃掉，这些元素又转移到了人或狼的身上，成为它们的一部分了。"

喻儿说："原来如此啊，人把牛羊的肉或者是其他食物吃掉后，转化成了自己的肉，而牛羊的肉是由草转化的，草是由碳、水和空气含有的元素转化成的。总之，我们吃的所有食物的原始状态都是植物。"

"没错，只有植物可以完成如此重要的任务。人构成自身的原料取自于植物或者是以植物为食的动物；牛羊之类的食草动物构成自身的原料取自于植物；植物直接摄取碳、水和空气里面的元素，巧妙地把它们转化成动物喜欢吃的物质。要说是谁为地球上的人类供给食物，那一定要数植物，如果植物罢工了，那么所有的动物就会饿死，因为它们无法直接吃掉碳、氧、氢、氮等元素，牛羊呢，也会因为没有草吃饿死，狼会因为没有肉吃饿死，人也一样会饿死，因为什么食物都没有了。"

"哦，我明白了，植物可以把你朋友的三个小瓶子里的东西直接做成食物，所以你才把它唤作最厉害的厨师。"爱弥儿说。

"就是这样，不过植物可不是把这些元素吃进去的，而是靠呼吸。因此植物摄取的碳不是你们常见的黑色粉末——天然的碳，而是溶解在其他物质里面的非固体的碳，氧可以与碳结合，将碳转化成二氧化碳，这就是植物的主要食物。"

"我们呼吸多了二氧化碳，会窒息死去。植物需要呼吸二氧化碳才能活吗？"

"没错，植物的呼吸必须要有二氧化碳。虽然人若吸入二氧化碳，有窒息的危险，可是植物却可以把二氧化碳转化成我们的食物。我们人类呼吸的时候，物质燃烧、发酵、腐烂的时候，都会生成二氧化碳气体，这些气体分散在空气里面。要是无法把这种危险的气体不断解决掉，几个世纪之后，也许地球就被二氧化碳笼罩了，人类也就不能在地球上生存了。我们看看统计出的二氧化碳总量的数值。"

"一个人 24 小时内呼出的二氧化碳大约有 450 升，大约重 880 克，这个数值和 240 克燃烧的碳加上空气里面 450 升的氧（大约重 640 克）的分量是等量的。按照这个计算的话，全世界 20 亿的人类，每年呼出的二氧化碳就有 3285 亿立

方米那么多，这里面燃烧的碳有 1752 亿千克，假设把这些碳堆起来，有一座高山那么庞大。这些燃料可以维持全世界人类的体温。我们每年吃的碳比这些还要多，把它转化成二氧化碳呼出去。可以设想一下，在世界之初，我们人类呼出的气体里面，不知有多少碳，这些碳不知可以堆成多少高山！"

"我们要是再算上陆地上的动物，还有海里的动物，那个数字更加庞大，因为它们的数量要比人类多得多。动物们每年呼出的碳，或许堆成一座勃朗峰那般大小的山峰也未尝不可。世界上维持生命的碳有多么庞大啊！想一想，这些危险的气体如果一直堆积在大气里面，该多么吓人啊！

"还没有算完呢！你想一想，酿酒的葡萄汁、烤面包的面粉等发酵的物质，垃圾桶里的垃圾、农田里的肥料等腐烂的物质，这些都会生成二氧化碳。每亩农田里面，撒上薄薄的一层肥料，就可以生成 100 立方米或者更多的二氧化碳。

"还有各种各样用来烹饪、取暖或者转化成动力的燃料，如煤、木头、炭等，都会产生大量的二氧化碳流入空气中。一个工厂里面，每天会用掉几卡车的煤，那么高高的烟囱里面有多少二氧化碳冒出来啊！更别说还有那天然的大烟囱——火山呢！它释放的二氧化碳更加惊人，工厂的那个小小的炉子简直是小巫见大巫了。

"虽然地球上生成了那么多的二氧化碳，但是生活在地球上的动物无论是以前还是以后，都还可以生存。大气中不断地有毒气进来，但是也不断地在消毒。二氧化碳一旦进入到大气里，马上就被控制了起来。控制它的是谁呢？对，就是植物警察。植物吸收了二氧化碳，让我们不至于窒息而死，更厉害的是，它还可以把二氧化碳变成食物。有一部分的二氧化碳是由腐烂物质生成的，它又是植物的主食。植物奇特的胃最喜欢的就是腐烂的物质。植物可以把那些死亡了的物质重新构建。

"我们呼吸的空气里面当然也存在分量很少的二氧化碳，不会危及到我们的生命。盆子里面装着石灰水，我昨天刚刚倒出来的时候还是清澈明净的，今天你们再看一看它是什么样子的？它的表面有一层薄薄的像冰一样的东西，用锋利的针刺一下，就会碎了。这到底是什么呢？空气和石灰水接触之后，里面的二氧化碳就会和石灰水发生化学反应，生成碳酸石灰，这个碳酸石灰不是我们常见的白色粉末，而是一种透明的结晶状的薄膜。"

喻儿说："我在建筑工人和三合土的时候，就看到过石灰水表层有一层薄膜，我开始还以为是冰呢，可是太阳照射下它也不会融化，也就想着它肯定是其他的东西。"

"和水盆里的薄膜一样，这也是大气中的二氧化碳和水里的石灰相互反应生成的碳酸石灰。说到这儿了，我们就来聊一聊建筑工人的三合土。三合土是如何构成的，你们知道吗？首先，烧石灰的人会在石灰窑里把大量捣碎了的石灰石进行高温燃烧，以便把里面的二氧化碳分解出去，剩下的就是石灰。然后建筑工人用水把石灰搅拌成糊状，再加上砂土，就构成了三合土。建筑工人用抹墙用的抹子，把三合土抹在砖石的缝隙里，就可以使建筑物更加牢固。三合土刚刚做好的时候是糊状的，这样更方便涂抹到缝隙中，过一段时间后里面的湿气会蒸发掉，砂土之间就会出现一些小孔，这样的话，加了水的石灰会和空气中的二氧化碳发生反应，时间一长就变成了坚硬的石灰石了，如此这般紧紧粘贴在墙壁上面，也不会掉下来。

"我们身边的空气里面，一直都存在着二氧化碳。证据就是三合土会变硬，石灰水上面会生成薄膜。空气里面的二氧化碳含量很少，有化学家通过精密的实验，测算了空气中二氧化碳的含量，得出 2000 升空气里面，最多存在 1 升二氧化碳。那么我们就在想了，释放到空气中的二氧化碳不是很多吗？它们都到哪里去了呢？答案就在植物那里，植物随时都在吸收着二氧化碳。

"植物的叶子表面，有数不清的小孔，叫做叶孔。数一数一片叶子上面的孔，会有 10 亿个之多。这些小孔非常细小，不用显微镜的话是无法看到的。我没办法给你们展示它的天然状态，不过我可以给你们展示一张放大图。这些小孔就好像是植物的嘴巴一样，植物靠它把二氧化碳吸进去，也只吸收动物的天敌，植物的救星的二氧化碳。这些叶孔把二氧化碳吸到了叶子里，叶子又在太阳光

叶孔放大图

的照射下发生光合作用，经过这个过程，叶子就把二氧化碳中的碳和水转化成了其他的物质，把对它来说没有用的氧气排了出去。简单地说，叶子留下了二氧化碳中的碳，赶走了氧。

"我们知道要想分离一种经过燃烧或者氧化作用形成的化合物，是很难的一件事。化学家们要想把二氧化碳分解成氧气和碳，需要很多必备的药品和器械，还需要复杂的步骤才可以做到。小小的植物叶子只需要有太阳光帮助，就可以轻而易举地完成这个步骤。

"要是没有太阳光的话，植物吃进去的二氧化碳就无法消化了，时间长了，植物的枝叶就会没了绿色，最后会饥饿而死。因为缺乏阳光产生的病态，被称作'黄化'或者'漂白'。我们要是在草上面盖一块瓦的话，过几天掀开瓦就会发现草已经变得发黄或者是发白了。种菜的人就利用这个作用，人为地让某种蔬菜变得柔嫩一些，或者让蔬菜的臭味不要太刺鼻。

"不过反过来说，一棵植物如果被太阳光暴晒了，就会把二氧化碳中的碳马上分离出来，同样地二氧化碳中的氧也会马上从叶孔中释放出去，和氮重新混合在一起，又变成了可以提供呼吸和燃烧的空气。不一会儿，这些空气又会为植物输送来新鲜的碳，把碳留下后氧再跑出去寻找碳。这就好像蜜蜂一样，从蜂巢出去到田野采花蜜，采到花蜜之后再回到蜂巢，出去的时候没有花蜜，回来的时候就把花蜜带回来留在了蜂巢里，不断往返。氧就是植物蜂巢里面的蜜蜂，不断到外面寻找碳，从动物的肌体里，从燃烧的燃料里，从腐烂的物质里，找到后就把碳带回来，藏到植物里面，然后继续出去寻找，如此这般不断往复。

"和氧分离开的碳，留在了植物里面，和水化合成了某种化合物，之后呈现成了糖、树胶、油、淀粉、木纤维和其他的植物类物质。这些植物类物质再经过腐烂作用，或者动物体内的消化作用，里面的碳就和氧化合在一起，又形成了二氧化碳，重新回到空气中开始又一轮回。植物吸收了这些二氧化碳，继续把碳制成让动物食用的食物。

"木柴里面的碳可以在面包里面找到，这我以前说过。我们吃的东西也可以变成木柴。你还记得吗，爱弥儿？"

"我记得，我记得，你确实说过这些话，不过当初听的时候我只是知道了这个事实，至于为什么会这样，就不知道了。现在我应该明白了，一根木头燃烧之后，里面的碳和空气中的氧化合生成了二氧化碳，释放到空气里面。植物呢，就吸收了这种气体，里面的碳变成了大米、麦子或者牛羊吃的草，我们就可以得到面包、米饭、牛羊肉等所有的食物。当然也有一种可能，就是木头里面的碳转了一圈又回到了木头里面，然后再燃烧，再循环，可能需要好几个循环，这里的碳才可以变成我们餐桌上面的美味佳肴。可是没有人可以确切地知道这个。"爱弥儿说。

"你说得很对，碳就是这样无法找到踪迹。总的来说，碳总是从大气到植物，从植物到动物，再从动物到大气，这样不断地循环。大气是一个开放的仓库，所有的生物都从它里面获得自己的主要材料。氧就是传输这种材料的工人。动物从植物或者其他动物那里得到碳，通过氧的帮助，制成了二氧化碳，释放到空气中。植物从空气里面获取二氧化碳，留下碳来制造人和动物的食物，再把氧放回去。这样我们就知道，动物界和植物界是相辅相成的，动物制造了供给植物吸收的二氧化碳，植物制造了新鲜空气和美味食物供给动物食用。"

喻儿听了这么稀奇的物质变化，很感慨地说："这是你讲的化学课里面最稀奇的一课。你开始讲你朋友三个瓶子故事的时候，我真的以为你是在开玩笑呢，还讲那个厨师的鼻子变了颜色，我可从来没有想到这个故事是诙谐而又严肃的

故事。"

"是这样的，我说的就是一个这样的故事，诙谐又严肃。你们还是小孩子，或许觉得严肃一些，我倒认为动物和植物之间的和谐生活是最美丽的，因此我要把它告诉你们，让你们知道。

"我们先不说这个严肃的道理，先做一个实验看看。实验要证明的是植物确实可以把二氧化碳中的氧赶出去，我们可以在水里面做这个实验，这样就可以看到氧释放的过程了，还可以想办法把那些氧收集起来。一般的水里面都会有一些从泥土或者空气里面溶解了的二氧化碳，也因为这，我们不用给泡在水里面的植物专门提供二氧化碳。

"这个容器里面装的是普通的水，往水里放几片新摘的完整叶子，最好选择水生植物的叶子，那样实验可以更快完成，作用也可以持续久一些。接着用玻璃漏斗把叶子罩住，在漏斗上面套一个装水用的玻璃瓶。把这一整套的东西拿到太阳光下晒，过一会儿时间就可以看到叶子的表面有很多小气泡冒出来，慢慢上升到上面的玻璃瓶中，积累到一定程度，就可以形成一个气层。用只有一点火星子的火柴实验一下，就可以知道这种气体是可以让火柴复燃的氧气。这就说明水里面的二氧化碳已经被叶子分解，留下了碳，释放出了氧。

"就算不说在实验室里专门设计的实验，现实中的植物也可以很简单地证明这一点。我们可以到屋子后面的水池那里去看看，那里有很多小蝌蚪自由自在地游着，浅水区的在晒太阳，深水区的在锻炼呢！除了蝌蚪，水池里蠕动着的是各种各样的软体动物，小鱼儿在找吃的，还有很多贝类、虾、鳗鱼等水生动物。

"不管是哪一种水生动物，呼吸的都是水中的氧。假如水池子里面没有了氧这种气体，不能继续维持小动物们的生命，小动物们就会死去。还有一个更大的危险就是，水池底下厚厚的污泥，那些污泥里都是一些垃圾，有腐烂了的枯枝败叶，还有动物排泄出来的污物等。这些腐烂物质不断释放出二氧化碳，那些鱼虾贝壳类动物也和人类一样，害怕呼吸到这样的气体。这么看来，水池里面的二氧化碳该怎么解决掉呢？水里面的氧又是从哪里来的呢？

"原因就在于水里的水生植物，它们是水里的环卫工。水里的二氧化碳被水生植物吸收之后，太阳光一照，就会把二氧化碳中的氧释放出去。那些腐烂的东西供养着植物，而植物又供养着动物。在一潭死水中，最优秀的环卫工是丝藻，丝藻很柔嫩，在水池底部的石头上面缠得满满的，就像给石头织了一件衣服一样。要是把它放到水瓶子里，迎着太阳光可以看到织好的衣服里面有数不清的小气泡冒出来。这些小气泡就是氧气，是从二氧化碳中分解出来的。最后气泡越积越多，植物就被浮到水面上了。

"还有一个不需要特殊工具的实验可以做。先摘一小枝水生植物，放到一个玻璃杯里，然后把这个杯子放到太阳光下晒一会儿，就可以看到这个简易的工厂开始制造出氧气了。当氧气气泡不断冒出的时候，把杯子转移到阴凉的地方，气泡马上就会停止冒出，如果把杯子放回太阳光下，气泡又会马上冒出来。这个实验告诉我们没有了太阳光的帮助，这个制氧的实验是不成功的。这个实验非常简单，而且比较容易理解，你们自己可以试一试。

"有了这个水生植物在太阳光下制造出氧气的事实，你们就知道了水生植物在水里完成的互动和陆地上的植物在空气中完成的互动是相同的。所有水生植物，在太阳光的照射下，都会释放出氧气。氧气溶解在水里面之后，水就有了新的生命。即使是一潭死水，里面如果生长着植物，就可以自己维持洁净，让水中的动物继续生存。

"我说了这么多，希望你们可以收获到一些知识，至少是你们认为有用的。你们总会在杯子里面饲养金鱼，是吗？不过最后总是以失败告终。杯子必须要天天换水，否则，鱼儿就会死掉。其实

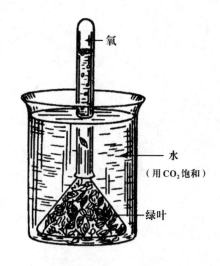

氧

水
（用 CO_2 饱和）

绿叶

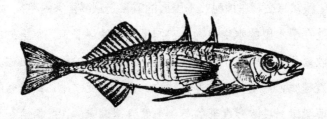

这就是因为水里面的氧被金鱼呼吸完了。如果下次养鱼的话，可以在水里面放一些丝藻。植物和鱼之间是相依为命的关系，植物为动物提供氧气，动物呢？就为植物提供二氧化碳。因此即使水不够清澈，植物和动物也可以安然无恙地活着。一句话，要想不让你们养的动物死掉，就要记住给它们找一些水生植物做伴吧！"

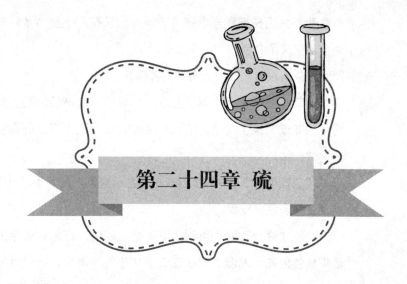

第二十四章 硫

　　"你们对硫磺这种东西应该比较熟悉了，我就不细说了。火山附近是硫磺的主要出产地，一般都埋在地下，成块的，有的比较纯，有的不纯的，里面会混杂一些泥土或者石头，需要想办法清除掉。

　　"硫磺燃烧的时候，会闪现出蓝色的火焰，非常漂亮。同时会散发出一种刺激的臭味，如果吸到了，就会呛得咳嗽。这种气体就是亚硫酐，也叫二氧化硫，溶于水的溶液叫亚硫酸。以上我们在以前的实验里说到过。那么你们就要问了，到底这种气体有什么作用呢？我们今天的课就要解决这个问题。不过需要先准备一些紫罗兰和蔷薇花，我们可以到院子里采。"

　　没一会儿，就采来了很多紫罗兰和蔷薇花。叔叔取了一块砖，在上面放了一点点硫，点着之后，在一把紫罗兰花上面淋了些水，然后放到燃烧的硫上空不断熏着。那些淋湿了的紫罗兰花一下子就变成了白色，这就是二氧化硫气体的作用。爱弥儿看到这个褪色的过程，感到很奇妙，大声地说道："你们瞧，

那些紫罗兰花在烟雾里面褪色了，开始只有一半变白了，一半还是蓝色的，最后全部变成了白色，这简直太奇妙了。"

叔叔又说道："我们再试试蔷薇花。"

他又在蔷薇花上面淋了些水，把它放到硫磺的火焰上面熏蒸，没一会儿，红色的花就变成了白色。喻儿和爱弥儿看到这个有趣的实验，跃跃欲试地想要亲手试一试。

"这就可以了。"保罗叔叔说着把已经漂白的紫罗兰和蔷薇花递给了他们，以便让它们好好看看。

"刚才这个实验，用别的花也是可以的，红色和蓝色的花效果更好。只要是带颜色的花，淋湿之后放在二氧化硫气体里面，就可以变成白色。这个实验告诉我们二氧化硫这种有一股大蒜气味的气体，有漂白的作用。

"它的这个特性在我们家庭生活中应用也很广泛。比如说这里有一块布，我在上面倒一些樱桃汁，这种污渍用肥皂是没办法洗掉的，那么我们可以试一试把它放到二氧化硫气体里，红色的污渍眨眼间就消失无踪了。这是因为无论是花的颜色，还是果汁的颜色都属于植物色质，既然二氧化硫可以漂白各种颜色的花，也就可以漂白樱桃汁。我先把布上有污渍的地方淋湿，然后直接放到燃烧的硫磺上空。这个时候如果想要把生成的二氧化硫聚拢一下，方便漂白，我们可以做一个纸漏斗，把它倒扣在硫磺上面，这样漏斗的出口就像一个烟囱一样，可以集中释放二氧化硫气体，把污渍对准漏斗的出口就可以了。没一会儿时间，和紫罗兰和蔷薇花实验一样，红色的污渍就漂白了。最后我们把漂白的部分用水冲洗干净，污渍就消失不见了。只要沾上了不容易洗掉的酒渍、葡萄汁、樱桃汁、杨梅汁、桃汁等东西，这个方法都是有效的。

"二氧化硫还有一种更加奇妙的作用呢！那些天然的毛、丝织物一般都不是纯白的，如果要保证染色之后颜色鲜亮，就需要先漂白再进行染色。还有编制草帽的麦秆、缝制手套的皮革等也需要先漂白。方法和漂白蓝色和红色花朵用的是一样的。

"此外，硫磺还有其他的作用，有的会让你们觉得不可思议。你们相信吗？硫磺是易燃的物质，但是它又可以灭火哦。"

"我们都知道硫磺是一种好燃料，试想把燃料放到火上面，还能把火熄灭掉？真是搞不懂啊！"喻儿说。

"很快你就会明白了。燃烧需要两个必须条件，燃料和空气。缺少了哪一个都是不行的。一堆熊熊燃烧的火，如果断绝了空气的供给，它就会很快熄灭。或者把可以助燃的空气换成不能助燃的其他气体，比如二氧化碳或者是氮气，那么它也就立刻熄灭。"

"我知道了，你是说我们在火上面倒一些纯的二氧化碳或者氮气，那么这些不助燃的气体就会把燃烧的物质包裹住，可以助燃的空气被隔离在外面，火也就无法继续燃烧了。可是该怎么操作才能把二氧化硫倒到火上呢？好像很困难。"

"困难是可以克服的。在户外操作确实不太容易，我们可以选择一个好地方，比如在烟囱里操作。火在烟囱里被禁锢在一个狭窄的空间，空气要想进去只有两个口，主要是下面。这时候要是把不助燃的气体倒进去，挤走空气，是很容易做的。假设有一个烟囱着火了，最便捷迅速的灭火方法非得用到硫磺。所有不助燃、不自燃的气体都可以用来灭火，不过要选择那种生成速度快而且产量多的，还不需要什么特殊装置就可生成的气体。这样看来，因为二氧化碳和氮气生成的速度比较慢，还得准备专用的装置，因此都是不合适的。最好的选择就是二氧化硫，我们只要在烟囱下的火上面撒上一把硫磺，就会立刻生成大量的二氧化硫气体。任何气体的生成都没有二氧化硫的生成那么快，而且还简单量多。在火上面撒完硫磺之后，把炉灶口用湿布盖住，这样生成的二氧化硫气体就会直接上升到烟囱里，挤走空气，火也就没办法继续燃烧，熄灭了。"

爱弥儿说："虽然硫确实可以灭火，可是乍一听还是有些难以置信，真是世界之大无奇不有啊！"

"二氧化硫气体还有另外一种值得一提的作用，就是可以杀菌消毒。举个

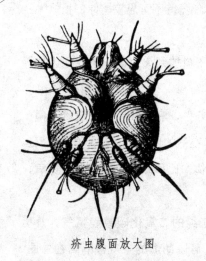

疥虫腹面放大图

例子，有一些名叫寄生虫的生物，寄生在人体内外，体外的有跳蚤、虱子、臭虫之类的，体内的有蛔虫、绦虫之类的，很多种类都有。这里面有一种名叫疥虫的寄生虫，它可以像鼹鼠在田地里面打洞那样，在我们的皮肤上穿个小小的隧道，寄生在里面。小隧道在皮肤表面看起来就像起了皮疹一样，人会感到非常痒，这就是所谓的疥癣。"

喻儿问："你是说疥癣就是皮肤里面长了疥虫的缘故吗？"

"就是那样，这种皮肤疾病很容易传染，没有疥癣的人只要和得了疥癣的人接触了，就会传染上。"

"你说的这种疥虫到底长得什么样呢？"

"它只有小小的灰尘粒那么大，除非视力特别好，否则是看不到的。身体像小乌龟一样是圆形的，长着八条腿，前面两对，后面两对。腿上面长着毛，很尖也很硬。走路的时候，腿伸展开；休息的时候，像乌龟把腿缩到龟壳里面一样，把腿缩到身体下面。嘴巴上面有锋利的钩刺，正是用这钩和刺在人体皮肤上面钻隧道，在隧道里面自由出入。"

喻儿说："哦，叔叔你快别说这些了，我浑身都发痒了。"

"如何把这种寄生虫赶走呢？我们看不到它，而且它还藏在皮肤深处。它身体不仅微小，而且繁殖得非常快，数以万计，因此要想一个一个地捉的话，是不可能办到的。靠吃药好像也没有什么效果。有一个很简单的办法可以治愈这种疾病，把皮里的疥虫都杀死。而且只有这一个办法。我们应该怎么把它们杀死呢？它们藏得那么深。关键点就在这儿了，疥虫虽然是很微小的生物，但是也是要呼吸的。我们可以利用这一点，用二氧化硫气体填充疥虫的隧道。如果使用好这种蒸气消毒法，疥虫呼吸不到空气，而是呼吸了大量的二氧化硫气体，就会死掉了。你们想啊，二氧化硫是多么厉害的气体啊，我们擦火柴的时候闻那么一点点，就已经很难受了，在蛴虫身上的效果可想而知。

"硫磺普通燃烧的时候生成的气体，只有二氧化硫一种。我们已经见证了这一点。我现在要说的是，除了二氧化硫，硫还可以生成一种名叫三氧化硫的气体，这种气体里面含的氧更多。三氧化硫溶于水之后，就和水化合生成了一种强酸，也就是我们制造氢气的时候用到的硫酸。一般情况下，硫磺燃烧的时候，无论有多少的氧，生成的都是二氧化硫气体。那三氧化硫是如何生成的呢？化学家们说，二氧化硫可以和氧发生化合，继而生成三氧化硫。不过一般情况下不会发生这个化合作用，一定要把两种气体混合在一起，通过烧热的铂粉才可以相互化合在一起。像铂粉这样，可以帮助其他物质化合，自己却不参与化合的物质，化学上称为"催化剂"。催化剂就如同机器的润滑油一样，润滑油可以让机器转动得更快，催化剂可以促进化学反应发生得更快。之前制造氧的时候，我们在氯酸钾里面还加了一些二氧化锰，促使它更快地分解。二氧化锰也是一种催化剂。

"将制好的三氧化硫导入水里，就可以制成硫酸，这种制造硫酸的方法叫接触法。还有一个制造硫酸的方法叫铅室法。化合物里面有很多都含有大量的氧，可是这些物质里面的氧结合得不太牢固，只要稍稍加热一下就会把氧释放出来。因此氯酸钾放在炭火上面，就会释放出氧来。还有一些物质，可以把自己的一些氧送给其他没有氧或者含氧不多的物质，比如说硝酸。硝酸在氧化不含氧或者含氧不多的物质上，用途很广。那么硝酸如果和二氧化硫发生化学反应的话，硝酸里面的氧就会送给二氧化硫，变成三氧化硫。三氧化硫遇到了水蒸气之后，继而就变成了硫酸。很多工厂的烟囱都会冒出滚滚黑烟，那些工厂里面大多数都会装着非常大的炉子，这些炉子的主要作用就是制造硫酸，这在工业上都是不能缺少的。含有硫的黄铁矿，燃烧之后生成二氧化硫，硫酸和硝石化合生成硝酸蒸气，还有水分蒸发了形成的水蒸气，这些气体被放到一个庞大的铅屋子里面。二氧化硫就会把硝酸的氧抢走，继而又和水蒸气化合成硫酸。

"硫酸这种液体像油一样，和水相比，约是水的比重的 1.8 倍。纯硫酸是无色的，不过一般的硫酸都会混杂一些杂质，因此会显棕色一些。浓硫酸遇到水之后会产生大量的热量。我们接下来就做个实验验证一下。

"先在一个杯子里面倒一些水，不要太多，再慢慢倒一些硫酸进去，搅拌一下就会发现杯子变得有些热了。用手可以摸一下感受一下。接下的实验验证的是硫酸对水的超强吸收力。在杯子里放少许的硫酸，在空气里面放上几天，就会发现杯子里面的液体变多了一倍。原因就在于硫酸从周围的空气里面吸收了大量潮湿的水汽。吸收了水分的硫酸，酸性减弱了。因此要保持硫酸的强酸性，就需要用密封塞子把装硫酸的瓶子密封起来。

"硫酸对水这种吸收能力，也是硫酸的一种很鲜明的性质。所有的植物或者动物都是由碳和水化合成的。那么也就是说，无论是什么动物和植物遇到了浓硫酸，都会被硫酸抢走水，留下的只有碳了，就如同燃烧之后的样子。因此不管是什么动植物，遇到硫酸都会被碳化。碳化是指变成了碳。你们看这根火柴棍，它是一种植物物质，我把它放到浓硫酸里面浸泡，几分钟后拿出来的时候，它已经碳化成了黑色的，变成了木炭。"

"我再做一个很有意思的实验。我先在一小勺水里面滴一滴硫酸，看上去和水没有什么两样，但是已经变了味道，此时它的味道接近于柠檬汁。我现在用这种无色的液体当作墨水，用鹅毛管做一支笔来用，这是因为毛笔和钢笔会和硫酸发生化合。白纸就是普通的白纸，不用怎么准备，你们瞧好了啊！"

保罗叔叔从爱弥儿的作业本上面撕下了一张白纸，然后用鹅毛管做成的笔蘸着硫酸和水混合在一起的液体，在上面写起了字来。湿湿的痕迹慢慢干了，但是纸上就和用水写字一样，什么也没有留下。

"你们读一读吧！我在上面写的什么啊？我可是用的专门的化学墨水。"叔叔让孩子们仔细地看，说道。

两个孩子接过那张纸来，反反复复地看了很多遍，最后还是什么也没有看到，就是写过的印记都没有一点。

爱弥儿说："你用的墨水不是黑色的，我什么也看不到，如果不是亲眼看到你确实写了字，我会说这根本就是白纸一张。"

叔叔说："你们都看不到这些字，不过没有关系，我可以让它们自己变出来。只需要把它放到火上烤一烤，就有奇迹出现了。"

事实果真如此，把那张纸在火上烤一烤，就有黑色的字迹像变魔术一样出现了。有的字很快就出现了，还有的字先是出现了一部分，随着纸慢慢移动，到最后可以读出一整句话了："被硫酸碳化。"

爱弥儿看着这些黑色的字迹，吃惊地大声感叹道："简直太神奇了，叔叔，你把这些魔术墨水给我点吧，我可以表演给我朋友看看。"

"愿意要就给你啊！这硫酸里面加了大量的水，已经没有危险了。沾在手上面也没有什么关系。我来解释一下，为什么这种无色的墨水会写出黑色的字来。纸是用竹子、木头、稻草、麻布等植物物质制成的，里面有碳、氢、氧三种元素。纸受热之后，无色墨水里面含有的那一点点硫酸会把纸里面的氢和氧抢走，形成硫酸自己热爱的水，那么剩下的就只是碳了，因此黑色的字就在纸上显示出来了。这就是神奇墨水的秘密。

"这个实验告诉我们，硫酸的危险性是多么高，它可以把一切的植物质和动物质变成木炭。与其说它是一种强烈的酸，不如说它是熊熊的火。我们在拿硫酸的时候，一定要非常非常小心，如果滴一滴硫酸到衣服上的话，衣服就会先变得焦黄，然后腐蚀成空洞。皮肤要是沾到了硫酸，迅速用水洗去的话危险还会小一些，否则时间长了就像被火灼伤一样，疼痛难忍。

"尽管硫酸的危险性很高，不过它在工业上的用途是非常广泛的。那些纺织厂、皮革厂、造纸厂以及制造玻璃、肥皂、蜡烛、燃料等各种各样的日用品的工厂，统统需要用到硫酸。我这里所说的需要，不是说我们用的布啊、肥皂啊，纸啊，这些里面含有硫酸。硫酸只是制造过程中的一种必备原料，没有了它，制造就无法完成。

"就拿制造玻璃来说吧！玻璃的制造原料是熔解的砂和碳酸钠（也就是苏

打）。砂是天然生成的物质，原料供给没有什么困难。碳酸钠就需要单独制备了，而碳酸钠是用硫酸钠来制成的，硫酸钠又是用食盐和硫酸经过化学反应生成的。因此，玻璃里面虽然不含有硫酸，可是如果没有了硫酸，食盐中的钠就无法转移到碳酸钠里面，没有了碳酸钠，还怎么制造玻璃啊！和玻璃制造一样，肥皂制造上也需要硫酸，肥皂本身同样含有非常多的钠。在现代工业中，煤燃烧之后可以烧热炉子，通过蒸汽转化为动力，带动机器转动；硫酸在很多重要的化学反应中起到不可或缺的作用，它们都占有举足轻重的地位。"

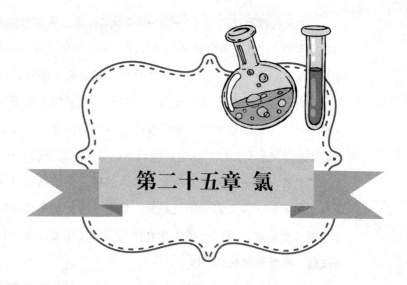

第二十五章 氯

"关于食盐我们已经提到好几次了，我讲过它是由一种金属元素钠和一种非金属元素氯组成的化合物，化学里面称为氯化钠。"

爱弥儿觉得钠这个字眼听着很熟悉，好像听说过，就问："你要给我们看看钠长什么样吗？"

"哦，孩子，这我可没办法。药店里面虽然出售钠，但是很贵的，我们的实验室条件太差了，没有金钱花在这上面。我只能给你们描述一下它的样子了。钠呢，颜色和铅的新切面很接近，硬度非常低，手指一压就可以压扁。你们可以想象一下，它像蜡那样，可以轻松塑形。把钠放到水上面，马上就会着火，在水面上面呼呼旋转，像一个火球一样。草灰里面含有的钾，和钠的性质很像，只是比钠还要厉害。我们现在来说说这两种元素遇到水为什么会着火的问题。

"水包含什么元素呢？是氧和氢。我们既然已经参观了铁匠铺，就应该知道铁是可以分解水的，它把水里面的氧据为己有之后，把氢释放了出去。同样，钠、钾以及构成石灰的钙，还有一些其他的元素也可以分解水，把氧据为己有，把氢抛弃掉。这些元素和氧的化合作用可要比铁猛烈许多，还不需要热的辅助。浮在水面的钠之所以可以像一个火球一样在水面上旋转，就是因为当它和水发生反应的时候，产生了热和氢气，氢气受热就燃烧了起来。火焰熄灭之后，钠就和水反应完了溶在水里，外表看不出有什么变化。不过要是尝一尝味道，就知道那水溶液会有灼烧的味道，像碱水，可以把红色的石蕊试纸变成蓝色。

"尽管我无法为你们展示食盐里面的钠，不过我可以让你们看一看食盐里面包含的另外一种元素，那就是氯。氯是一种比钠更重要的元素。如果想要从食盐里面得到氯，可以选择先把食盐和二氧化锰混合在一起，然后在里面倒进去硫酸，再慢慢加热就可以了。

"这个实验需要的装置和制造氧的装置一样，我现在烧瓶里面放入食盐，再加入同等重量的二氧化锰，加一些硫酸后，慢慢搅拌。之后把弯曲玻璃管插到烧瓶的瓶口，用炭火慢慢加热烧瓶，那里面的物质里就会冒出氯气来。氯气比空气要重，因此我们收集的时候可以采用和收集二氧化碳一样的方法。把装好的弯曲玻璃管直接通道一个广口瓶底部就可以了，不用在水底操作。

"从最初学习化学开始，到现在我们接触的都是一些无色透明的气体。有空气、氢、氧、氮、二氧化碳、一氧化碳等，这些气体都是眼睛看不到的。如果单凭这些你们就认为所有的气体都是无色透明的，那就犯了一个大错了。我们刚说到的氯气就是可以看到的一种气体，它有颜色，呈现黄绿色。

"既然氯气有颜色，还比空气要重，收集它的时候，我们也就可以看到它了，它会从瓶子底部慢慢把空气排出去，聚集在瓶子底部。你们看，看到瓶子底部的绿色气体了吗？那就是氯气，上面无色的气体是空气。我们静静等几分钟，就会看到绿色的气体慢慢上升到瓶口，那时候，就说明广口瓶里面已经收集到了一瓶氯气。

当瓶子里装满了这种绿色气体之后，叔叔取来了一片玻璃，盖住了瓶口。不过还是有一点点氯气跑到了空气里面。或许叔叔就是为了让孩子们体会一下氯气是不合适呼吸的气体。反正在爱弥儿的脑海中已经永远刻下了氯气的影子。他当时离那个瓶子比较近，那股难闻的味道刺激到了他的鼻子，他不断拍打着自己的胸部，不停地咳嗽着。

叔叔说："孩子，别担心，过一会就会好的。因为你闻到了氯气，不过不多，而且还混合着很多空气，你可以喝一杯凉水，可以帮你冲洗一下喉咙。"

爱弥儿赶紧喝了一杯凉水，果然不咳嗽了。有了这次教训，爱弥儿再也不敢靠近收集氯气的瓶子了。

叔叔说："你现在已经不咳嗽了，因为一点点稀薄的氯气不足为虑，甚至于对于那些吸入了含有腐败物质的污气的人来说，还有好处呢。不过如果吸入了大量纯的氯气，那就很危险了，呼吸几次可能就会要了性命。"

爱弥儿说："一定不是危言耸听，你看看我，就吸了那么一点点，就咳成这样了。更让我好奇的是，食盐居然是用这种难闻的氯和会把我们的嘴巴烧起泡的钠化合生成的。所幸化合之后的物质已经改变了性质，要不我们调味的时候可不敢用食盐了。"

叔叔又说道："氯和钠分离之后，还会恢复本身的猛烈性质，在特定的工业里面需要大量的氯气。氯气的主要用途是漂白。我在装氯气的瓶子里，倒进去一些蓝墨水。摇晃一下，让氯气和蓝墨水反应一下，就可以看到蓝色的墨水慢慢褪色了，变成了灰黄色，和浑浊的水有些类似。这就是因为氯气把蓝墨水的颜色漂白了。

"还有一个更加有趣的实验。这里有一张纸，是从一个旧的本子上撕下来的，上面密密麻麻写满了蓝色墨水字。我用水把这张纸淋湿了，这一步必须做，然后把它放到装有氯气的瓶子里面，一会儿之后，你就会发现原来纸上的字已经慢慢没有了，只剩下一张白纸。我现在把这张纸取出来，你们好好看看，上面还有字吗？"

喻儿和爱弥儿拿过来那张纸，翻过来调过去地看了好一会儿，也没有发现上面有字，就和没用过的白纸是一样的，只是还有一些钢笔划过的痕迹。

喻儿说："哎呀，这上面的字迹已经不见了，这纸就好像没用过一样。我们之前不是讲过二氧化硫吗？说它可以漂白蓝色的花，那么它可以漂白蓝墨水吗？"

"二氧化硫是一种效果很弱的漂白剂，它无法做到漂白蓝墨水。氯气的漂白效果要远远超过二氧化硫，在工业上的用途也更重要。有些染料，氯气也没有办法漂白。我马上要做的实验就是为了证明这一点的。我先从旧报纸上面撕下一块来，用蓝墨水在这块旧报纸上面写几个字，等字干了之后，还是把纸淋湿了，放到氯气瓶子里，我们就会发现我用蓝墨水写的字像有魔法一样，消失不见了。可是旧报纸上面原有的印刷字迹还是黑色的，而且更加突出了，就像新印上去的似的，这是因为纸的其他部分漂白了，凸显得它更加黑了。"

喻儿又问："既然氯气可以漂白后写上去的字，为什么不能漂白印刷上去的字呢？"

"因为采用的墨原料不一样啊！印刷采用的是油墨，它的原料是油烟，也叫烟墨，再加上蓖麻子油。油烟是油类燃烧生成的烟灰，其实是碳的变形，很难和氧发生化合。氯气之所以可以起到漂白的作用，主要是因为它会抢夺水里面的氢，释放出氧，氧就和颜料发生反应，生成无色的化合物。我们把需要漂白的东西淋湿也就是这个原因。油烟不和氧反应，也就可以保持原有的黑色，还是油烟。我们钢笔里面用的墨水是由好几种成分构成的，一般包括硫酸亚铁和没食子酸。而没食子酸和氧反应之后会生成无色的化合物，因此颜色也就消失了。这就是墨水和油烟的区别所在。

"在造纸行业和纺织行业里面，都会用氯气来做漂白剂。我们写字用的白纸，漂亮的白色衣服，都少不了氯气的贡献。制造氯气一定会用到食盐和硫酸，食盐充当原料，硫酸起的是辅助功能，这也就证明了硫酸在工业上的重要性。

"苎麻和大麻等都带着一点红色，要想去除这些红色，需要洗涤很多次。这也是那种粗制的麻布为什么用的时间越长反而越白的原因。以前，漂白麻布的时候一般依靠太阳光的照射。白天把麻布铺开晒太阳，晚上继续让雨水或者露珠湿润，如此这般一两个星期之后，就慢慢褪色了。

"这种漂白的方法存在很大的弊端，一是会花费很多时日，二是还需要有一大片土地，花费比较大。因此近代工业技艺发展之后，就采用氯气来漂白棉麻织物了，这比太阳雨露效果要好很多。氯气漂白蓝墨水的速度，你们已经见识了。它把蓝墨水那么深的颜色都可以漂白了，更别说只有一些浅浅的红色的棉麻织物了。"

喻儿说："这样说来的话，毛和丝的织物也可以用氯气来漂白了，不是比二氧化硫气的效果更快吗？"

"哦，那可不行。氯气太厉害了，会把毛和丝织物变成像泥水一样的东西的。"叔叔赶紧说。

"那这是什么原因呢？为什么棉麻就没事呢？"

"因为它们对氯气的抵抗力不同，因此结果也不一样。棉麻织物的质地比毛丝织物的质地要结实很多，用肥皂水反复洗的时候，无论怎样揉搓、暴晒、风吹、雨淋，都不会有什么破损。因为棉麻织物的制作原料是叫植物纤维的化合物，毛丝织物的制作原料是叫动物纤维的化合物。从化学上来说，它们的性质相差很远。氯气可以在不破坏植物纤维的情况下，漂白植物纤维上面的色素。对于动物纤维就不行了，它不仅会把动物纤维上面的色素漂白了，而且还会摧毁动物纤维。

"很多工厂需要漂白的时候都会用到氯气，为了方便利用，根据石灰可以吸收大量氯的性质，他们把氯寄存在石灰里。这种化合物和石灰一样是白色的粉末状，有刺激的臭气，命名为氯化石灰，工业名字叫漂白粉，里面储藏着大量的氯。

"我接下来要讲的是氯在造纸工业上面的作用。我们写字的时候，一定不会想我们用的白纸是如何做成的。几千年前的巴比伦和尼尼微的亚述人，用顶部锐利的笔在没有干的土版上面写字，写完后烘干，这样写的字就不容易模糊。要是一个人打算要给他的朋友写一封信，就需要寄去一块重重的土版。"

爱弥儿说："我们现在的邮递员们一次可以送好几十封信，要是都是那么重的土版，恐怕背着连路都走不动了。"

叔叔继续说："如果那些古人想要为将来的人们留下一部书籍来阅读的话，

这本书估计可以占满一个图书馆的书架，因为每一页都是一块土版。这本书大约应该是记载古代的重要历史事件的。想一想，如果用土版的方法来制作现在的书籍，估计先准备的土版就够盖一间房子用了。我们可以推测出，古代的时候，一个非常大的图书馆估计也放不下多少书籍，因为书籍又厚又重。有人从巴比伦和尼尼微的古城遗址上挖到了一些土版书的残片，上面的文字已经有人翻译了出来。

"东方的一个地方，不久出现了另外一种写字的方法。笔是把芦苇秆削尖了做成的，墨水是用烟灰和醋调和在一起制成的。纸是用经过太阳曝晒的白色羊骨来充当。这样的方法写好一本书或者是一篇文章，就需要好多好多的羊骨，然后用绳子把这些羊骨串起来。

"古代的欧洲地区，特别是希腊和罗马，那里的文化发展的很先进，人们在木版上面涂上一层薄蜡，用一种雕刻笔来写字，这种笔一头很尖，主要负责刻字；另外一头是扁的，主要用于刮去错字，也用于刮平蜡的表面。

"只有古代埃及人发明的草纸最接近近代用的纸。那个时候的尼罗河岸边，长着许多英文名叫 papyrus 的芦苇，这种芦苇的秆有一层薄薄的白色外皮，这层外皮可以一条条地剥下来。剥下之后，把它们浸泡在水里，捞出后排列第一层，再在垂直的方向排列第二层，然后用槌子反复捶打，一直压到平平的、结实了为止，这样就做好了一张写字的草纸。这里的笔同样是削尖的芦苇秸秆，墨水同样是用烟灰调制的。英语里面的纸现在叫 paper，就是 papyrus 这个词转化成的。

"那时候做好的草纸不会像我们近代用的纸那样裁成一样大小的方块状，它的大小决定于写的字的多少。因此，一本用草纸写成的书籍，其实就是一张长长的纸，把这张纸卷在一个木轴上面，以便于携带。我们现在的书，是一页一页的，双面印刷，看的时候翻开那一页就可以了。和我们不一样的是，古代人们看书的时候，是把卷好的书籍慢慢展开，只有一面写着字。

"中国人发明了真正的纸。古代的中国是一个文化非常先进的国家，目前为止最早发现的文字就是中国的甲骨文，他们把文字刻在了龟甲和牛骨上面，最近在河南安阳那个地方的殷墟里面，出土了很多这样的甲骨文。年代应该在公元前一千好几百年前。周朝的文字写在竹子片上，有的用刀刻上去，有的用一种漆写上去。这些竹片用柔软的牛皮或者麻绳连在一起，称为简。汉朝的时候，用帛来写字，把帛卷在木轴上面，称为卷。公元 100 年前，那里是东汉，出现了一个伟大的发明家——蔡伦，他改进了造纸术，用树皮、麻和破布等材料做成了纸。9 世纪的时候，阿拉伯人把中国的造纸术带了出来，不过造纸术传到欧洲已经到了 13 世纪。大约在公元 1340 年，法国才建立了第一个造纸厂。我们现在用的白纸，就是用木头、竹子、棉麻等材料制成的。现代造纸术，先把准备好的原料切成细条，加入一些特定的药品之后，不断地煮，以便把里面没有用的东西去掉。接下来用水洗干净，再放到刀片槽里面切成灰色的纸浆。然后用我们提到的漂白剂（含有大量的氯）漂白纸浆。

　　"需要注意的是，要想让纸更加方便书写和印刷，需要保证纸质不容易渗透才可以。这就需要在纸浆里面加一些树胶淀粉之类的东西，这样做好的纸看起来洁白又密实，不容易渗透。最后要做的就是把加工了的纸浆倒到水里面，用一个细细的金属筛子，不断地筛，这样纸浆里面比较粗的就留在筛子上面，比较细的就渗到了下面。还有个更加细密的筛子装有一个滚动的轴，它主要负责把第一个筛子筛选出来的纸浆过滤掉水分，压成薄薄的纸膜。这薄薄的纸膜就是没有烘干的纸，不停转动的筛子，将这些纸膜转移到一块大大的毛巾上面，先吸掉一些水分，然后再转移到几个连在一起，中间镂空的圆筒上面，下面用水蒸气加热，就可以把上面的纸膜烘干。烘干之后，在另一个圆筒上面完成压实磨光的工作，这样就完成了所有的造纸步骤。这个过程只需要几分钟就可以完成，最后把长长的纸裁成需要的大小就可以了。

　　"你们以后无论是写字还是看书，都要记得，这些纸是凭借食盐里面制出来的氯的作用，才变得如此洁白的。"

第二十六章 氮的化合物

　　"我们今天要讲的是氮的化合物。我们知道氮主要的化合物是硝酸，我们就来说说怎样制造硝酸吧！一般来说，非金属先氧化之后，或者燃烧之后，形成酐，酐溶解到水里就得到了酸。然而这个方法在制造硝酸上是不容易操作的。这是因为氮气这种气体不活泼，在平常的状态下，是不能和其他的元素化合在一起的。日常生活中有很多这样的例子。燃料在火炉中燃烧的时候，源源不断地有空气穿过，空气是氧气和氮气的混合气体，燃烧的时候温度非常高，就这样氮气也无法和氧气化合在一起，进去的时候什么样，出来的时候还是什么样。当然，氮气和氧气要想直接化合在一起，制成硝酸，也是存在可能性的，只是需要非常复杂的化学装置。我们的实验室太简陋了，没有这个条件。因此我们只能利用天然的含氮和氧的物质来制造硝酸。

　　"回想一下之前说到的，我们经常会在潮湿的墙上看到一种白色的粉末，还记得吗？喻儿说，他把那些粉末用鸡毛扫下一些撒到火上面，可以绽放出耀眼的火焰。这种东西俗名叫硝石，化学上的学名叫硝酸钾，就是用硝酸和氧化钾反应形成的东西。硝酸钾里面不仅含有氮和钾，还含有非常多的氧，因此当它遇到火之后就会分解出氧来，木炭就会燃烧的更旺。对于我们这样的实验室，硝酸钾是最好的制造硝酸的材料。

"制作方法也很简单，只需要一种强酸和硝酸钾化合，这样的话硝酸钾里的钾就和强酸里面的氢互相交换了位置，最终就可以得到硝酸了。这个实验最好的选择是硫酸。我们可以先把浓硫酸倒到硝酸钾里面加热，这时候就会释放出很多的硝酸气体，把这些气体收集起来，放到冷却器里冷却之后就可以得到液体硝酸。

"因为硝酸的性质猛烈，因此人们也叫它'镪水'。从'镪'这个字就看出来它对金属的腐蚀有多厉害了。如果皮肤沾上了硝酸，马上就会烧成焦黄色，还会留下永久的伤痕。如果一个瓶子里装着硝酸，盖上软木塞，那个可怜的木塞就会腐蚀成黄色的木头浆。

"硝酸里面贮藏着很多的氧，而且这些氧很容易就会释放出来。这也是为什么硝酸只要遇到别的物质，大多数都会发生燃烧或者是腐蚀作用的原因。这里说的燃烧，不一定要有火焰冒出才作数。只要硝酸里的氧和其他物质作用产生高热，然后化合了就是燃烧。

"我接下来要做一个实验，关于硝酸对金属的腐蚀作用。先准备一些铁屑，然后往上面倒一些硝酸，就会看到冒出浓浓的棕红色的烟，温度上升，还伴随着一种声音发出。用不了几分钟，那些铁屑就都燃烧完了，剩下的是一些铁锈。我们再用锡箔来做个实验，你们瞧，也会冒出浓浓的棕红色的烟，温度也上升，也有声音。最后锡箔变成了白色的黏稠的糊状物，这些物质就是锡燃烧后的氧化物，也就是锡锈。换用铜来实验，情况也一样，只是生成的铜锈会很快溶解在酸里面，最后得到的是绿色的液体。不过也有一些不会被硝酸腐蚀的金属，这种金属永远不会生锈。你们瞧，这里有一张金箔，我将它放到浓硝酸里面，看看有什么变化。金箔还是那么光亮，没有什么改变，把硝酸加热到沸腾，也是一样的结果。根据这一点，我们可以用硝酸来辨别外表很相似的黄金和铜。黄金遇到硝酸没有变化，铜遇到硝酸马上就会腐蚀掉，冒出棕红色的气体。

"在印刷行业，制造照相锌版，利用的就是硝酸对锌的腐蚀作用。分五步来制造，第一步先在锌版表面涂一层感光膜，涂得要均匀。这种感光膜是用蛋白和重铬酸盐做的，受到光照之后，它的可溶于水的性质就会发生改变，变成不可溶性。第二步，把专用的底片反着贴在锌版的感光面上，放到强光下曝晒，光线就会进入到底片的透明部位，把感光膜变成不可溶的物质。第三步，在经过曝光的锌版上面涂上油墨，放到冷水里面洗，这样锌版上面没有受光的感光膜就会溶于水，留下的就是有油墨的图画了。第四步，把锌版烘热，这样油墨就会变黏，在上面撒上俗称红粉的东西，经过冷却慢慢就硬化了，而且还有了耐酸性。第五步，把这块锌版放到稀硝酸里面，这样没有耐酸性物质覆盖的部分就会被硝酸腐蚀掉，表面就会凹陷下去，腐蚀到一定程度之后，洗掉硝酸，这样锌版上面就呈现出美丽的图画了。

"好了，讲了这么多的硝酸，我们再来说说刚才提到的硝石，也叫硝酸钾。硝石主要用来制造黑火药。所谓的黑火药是由很大一部分硫磺，加上木炭和硝石混合做成的。其中硫磺和木炭是非常好的可燃物质，硝石里面有大量的氧，硫磺和木炭会和硝石中的氧发生反应，然后一下子生成大量的气体。如果这些气体可以自由飘散的话，体积是黑火药本来体积的 150 倍之多。那要是把这些气体禁锢在一个小小的弹壳里面，它就会猛烈的冲击弹壳，一下子爆炸开来。和一根上到极限的发条一样，一松手就会有非常强的作用力产生。

"还有一种在农业上用处很广的氮的化合物，我们需要讲一下。这个瓶子里装着一种液体，看起来有些像水。不过我要警告你们，千万不要掀开盖子来闻，它的味道太刺鼻了，闻了鼻子会很难受。要是不信，你们大可以试上一试。"

爱弥儿因为闻氯的臭味的时候上过一次当了，现在很谨慎。他小心翼翼地慢慢靠近瓶塞，马上就叫嚷开来："哎呀，太难受了，就好像鼻子里面扎了好多刺一样。"眼泪也夺眶而出了，可是此时他一点儿都不想哭。瓶塞传到了喻儿的手里，喻儿根据它的味道一下子就辨别出了这种液体是什么东西。

"哎呀，这就是阿摩尼亚水吧！我在洗衣店里面见过，把它涂在衣服上有污渍的地方。这东西的气味实在是太难闻了，因此我一下子就辨出来了。爱弥儿闻了之后流眼泪，也是阿摩尼亚水的特性。其实我第一次闻的时候，也是泪流满面。"喻儿说道。

叔叔说："太对了，这里面装的就是阿摩尼亚水，化学上面称为氨水。它可以和污渍发生反应，生成可溶于水的物质，因此常用来洗涤衣服上的污渍。在衣服的污渍处，刷一点点氨水，再用水冲洗干净，就可以把污渍迅速清除。你看到的去除污渍的方法就是这样的。

"这种液体是一种气体溶于水制造成的，这种气体叫做阿摩尼亚气体，也就是化学上的氨气。"

喻儿问："氨水和氨气不是一种东西吗？"

"它们是两种不同的物质，氨气是一种气体，无色透明，有刺激的臭味，会让人感到难受从而流眼泪。氨水是一种液体，大量的氨溶于水就制成了氨水。我手中的这个小瓶子里，装的就是这种液体。之所以说是大量的氨，主要是因为氨易溶于水的性质，正常温度下，一升水可以溶解800升氨。氨水里面储藏了非常多的氨，时不时就会跑出一些，因此我们一闻到氨水就会流泪。要是给氨水加热一下的话，跑出来的氨就更加多了，味道会更加浓烈。"

爱弥儿说："那样的话，就算我们心里有多么开心，脸上也会爬满泪水。氯让我们咳嗽，氨让我们哭泣，真是各有所能啊！"

"没错，氨的气味很独特，还能刺激得我们流眼泪，根据这两个性质，要辨别这种气体化合物就很容易了。"

"实验室里面，要想制造氨的话，可以选择一种名叫硇砂的白色结晶体，化学上叫氯化铵。把这种结晶和潮解好的石灰粉混合之后，再加热就可以得到氨了。这个实验用的装置和制造氯气用的装置很类似，只是没有了烧瓶上面的玻璃漏斗。氨比空气要轻，因此要想收集它，用倒扣的空瓶子就可以。把氨通到水里的话，就可以制造成氨水了。

"氨气是由氮气和氢气合成的。最近几年工业应用中，总是选择把空气中的氮气和氢气直接化合，称为合成法。这种方法有节约资金，产量多的优点。在农业上也很有用处。你们只知道氨气可以用来去除污渍，却不知道在农民的眼里，氨是珍贵的宝物。这是因为氨可以做成各种各样的肥料，影响到庄稼的收成，也影响到我们碗中的食物多少。不管是植物还是动物，都含有氨。死亡之后，一切元素都会通过腐败作用还给大自然。碳变成了二氧化碳，氢变成了水，氮变成了氨。这些东西又被植物吸收，二氧化碳留下碳，水留下氢，氨留下氮，氧都释放到空气里面。这四种元素，通过植物，变成了我们桌上的面包、蔬菜、瓜果。动物呢，又把这些从植物那里得来的食物变成了肉、奶、毛、皮等其他各种各样的物质。也就是说，氮要进入动物体内，必须先进入植物体内，要进入植物体内，必须要先变成氨才行。这样我们就知道了，为什么农业上珍贵的肥料大都是动物的粪便，这是因为，动物的粪便里面含有非常多的氨。市场上很流行的硫酸铵肥田粉就包含着氨。

"我再说两句氨的水溶液——氨水。氨水是一种无色有刺激臭味的液体。味道和石灰或者草灰的水溶液很像，有些涩。还可以使被酸变红的石蕊试纸变成蓝色。石灰水可以把紫罗兰等蓝色的花变成绿色，这个我们之前就知道，氨水同样可以。"

"生活中氨水的用途很广泛。除了我们说过的可以去除污渍，还可以漂白我们衣服上的颜色。所以我们再用氨水去除污渍的时候要注意，只能用到那些不易褪色的衣料，或者是深黑色的也可以。我说的这些，你们以后一定会用到。你想我们在做化学实验的时候，酸类液体难免会溅到衣服上。如果是深黑色的衣服就会留下红色痕迹。如果迅速在红色斑点上面滴上一些氨水，污渍就会不见，变成本来的颜色。"

"如果被蝎子、黄蜂、蜜蜂等蜇到了，涂一些氨水可以减缓疼痛。就是被毒蛇咬伤了，氨水也能起到一些作用。一旦被蜇或者咬了，要马上在伤口上面

涂上氨水，这样可以抑制有毒物质的侵入。"

"氨里面有非常多的氮，各种植物都需要氮，因此我们可以说氨是植物的主食。以前种地的时候，给庄稼施肥多数用动物的粪便，这是因为粪便腐败之后，会释放出大量的氨。现在研究出了各种各样的人造肥料，这些人造肥料里面除了氨，还有一些硫酸钾和磷酸钙等成分。这是因为植物生长的过程中同样需要钾、磷、钙等元素。"